Bahaa AL-Sereah
Saleh Kadim Majeed
Isra'a Muhsen Essa

Parasitas dos macacos e dos ouriços-cacheiros

Bahaa AL-Sereah
Saleh Kadim Majeed
Isra'a Muhsen Essa

Parasitas dos macacos e dos ouriços-cacheiros

Estudo histopatológico do parasita dos macacos (Rhesus, Cynomologus e Baboon) e do parasita dos ouriços (Capilaria e Crenosoma spp)

ScienciaScripts

Imprint

Any brand names and product names mentioned in this book are subject to trademark, brand or patent protection and are trademarks or registered trademarks of their respective holders. The use of brand names, product names, common names, trade names, product descriptions etc. even without a particular marking in this work is in no way to be construed to mean that such names may be regarded as unrestricted in respect of trademark and brand protection legislation and could thus be used by anyone.

Cover image: www.ingimage.com

This book is a translation from the original published under ISBN 978-613-4-93380-3.

Publisher:
Sciencia Scripts
is a trademark of
Dodo Books Indian Ocean Ltd. and OmniScriptum S.R.L publishing group

120 High Road, East Finchley, London, N2 9ED, United Kingdom
Str. Armeneasca 28/1, office 1, Chisinau MD-2012, Republic of Moldova, Europe
Printed at: see last page
ISBN: 978-620-8-09948-0

Lista de conteúdos

Dedicação

Em nome de Deus, o Clemente, o Misericordioso

Que Alá envie a paz e as bênçãos sobre Maomé e a sua descendência

Gostaria de dedicar o presente trabalho de investigação à minha mulher e às minhas filhas (Fátima e Ruqia).

Gostaria de dedicar o presente estudo aos profissionais dos investigadores neste domínio.

Além disso, dedico este trabalho científico ao nosso povo que está a lutar pela proteção e segurança da nossa nação no Iraque.

Bahaa

Agradecimentos

Queremos expressar o meu sincero agradecimento a ALLAH, o criador da terra e dos céus.

Um agradecimento especial à Editora de Aquisição, Miss. **Marina Godovaniuc**, LAP LAMBERT Academic Publishing e a todos os membros do pessoal da LAMBERT pela sua grande assistência e aconselhamento.

RESUMO

O estudo concentrou-se em lesões em diferentes macacos induzidas por diferentes tipos de parasitas, estes macacos eram animais mantidos em laboratório. Alguns destes parasitas afectam os pulmões e outros afectam o esófago, o fígado e o intestino. Algumas microfilárias no sangue. A recolha do estudo da lesão do parasita demora vários anos a fazer.

O tema da presente investigação foi a indução de lesões histopatológicas por parasitas em ouriços-cacheiros. Estes parasitas afectam principalmente os pulmões, o aparelho digestivo e o fígado. A lesão ocorreu em ouriços selvagens capturados. A importância deste trabalho reside no facto de os ovos do parasita poderem contaminar alimentos e legumes, especialmente de crianças, o que pode resultar em lesões pulmonares.

Perfil dos autores

O professor assistente Bahaa Abdulhussein Al-sereah licenciou-se na Faculdade de Medicina Veterinária/Universidade de Basrah/Iraque em 2004 (Bacharelato em Medicina Veterinária e Cirurgia). De 2005 a 2007, trabalhou como estudante de pós-graduação no Mestrado em Doenças das Aves de Capoeira na Faculdade de Medicina Veterinária/Universidade de Basrah/Iraque. Em 2008, trabalhava no domínio das doenças das aves de capoeira, em particular em Basrah/ Iraque. Em 2009, trabalhou como professor assistente em doenças das aves de capoeira na Faculdade de Medicina Veterinária da Universidade de Basrah/Iraque. Em 2012-2015, professor no Departamento de Patologia e Doenças das Aves de Capoeira na Faculdade de Medicina Veterinária da Universidade de Basrah/Iraque. Em 2015 até ao presente, professor assistente no Departamento de Patologia e Doenças das Aves na Faculdade de Medicina Veterinária da Universidade de Basrah/Iraque. 2015-2016 Trabalho como estudante de pós-graduação a fazer doutoramento em Nutrição Avícola na Faculdade de Agricultura/Universidade de Basrah/Iraque. Em 2009 até ao presente, publiquei muitos artigos e livros

.

Correio eletrónico: bahaa_bkf@,yahoo.com

Tel: 009647700285271

Endereço: Departamento de Patologia e Doenças das Aves, Faculdade de Medicina Veterinária, Universidade de Basrah, Iraque.

O professor Isra'a Muhsen Essa licenciou-se na Faculdade de Medicina Veterinária/Universidade de Qadisiya/Iraque em 2005-2006 (Bacharelato em Medicina Veterinária e Cirurgia). 2009-2010 Trabalha como estudante de pós-graduação no Mestrado em Parasitologia Veterinária na Faculdade de Medicina Veterinária/Universidade de Basrah/Iraque. Trabalho no Departamento de Microbiologia e Parasitologia da Faculdade de Medicina Veterinária da Universidade de Basrah/Iraque. Em 2016-2017, trabalho como estudante de pós-graduação a fazer doutoramento em Parasitologia Veterinária na Faculdade de Medicina Veterinária/Universidade de Basrah/Iraque.

Correio eletrónico: israairaq6@gmail.com

Tel: 009647704992292

Endereço: Departamento de Microbiologia e Parasitologia, Faculdade de Medicina Veterinária, Universidade de Basrah, Iraque.

Prefácio

O presente trabalho científico incidiu sobre diferentes tipos de parasitas que afectam diferentes espécies de pequenos macacos selvagens, macacos esses originários da Índia, do Quénia e das Filipinas. O estudo concentrou-se nas alterações histopatológicas induzidas por esses parasitas em diferentes órgãos, como os pulmões, o fígado e o trato digestivo. O benefício deste estudo será a obtenção de dados de base para os parasitas que afectam o ser humano, especialmente sendo os macacos a espécie mais próxima do homem.

O seu estudo interessante sobre o efeito do parasita dos ouriços nos pulmões, no aparelho digestivo e no fígado incidiu principalmente sobre as alterações histopatológicas induzidas pelo parasita a nível interno. Finalmente, este trabalho pode ser importante do ponto de vista da saúde, uma vez que os ovos podem contaminar os alimentos, especialmente os das crianças, quando estas estão em contacto com ouriços. A duração deste estudo foi de vários anos.

Parte I Macacos Parasitas

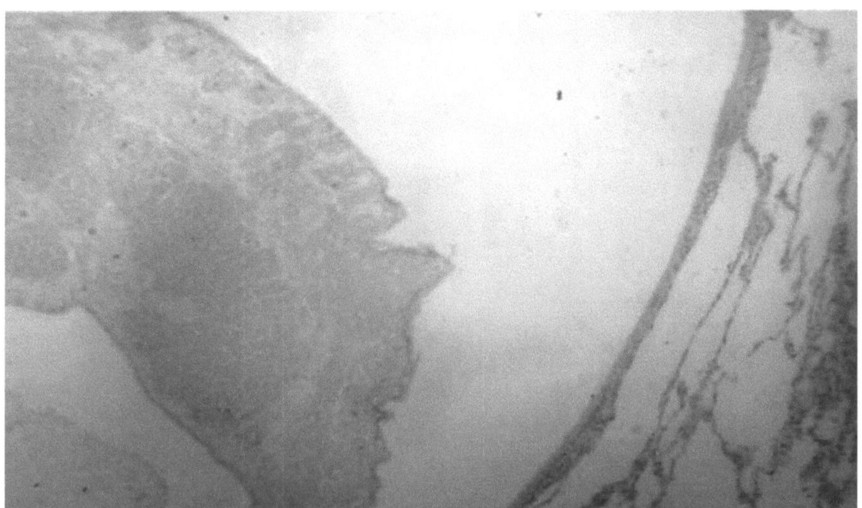

Figura 1: Parasita intra-epitelial no esófago. (Coloração H&E. 4X)

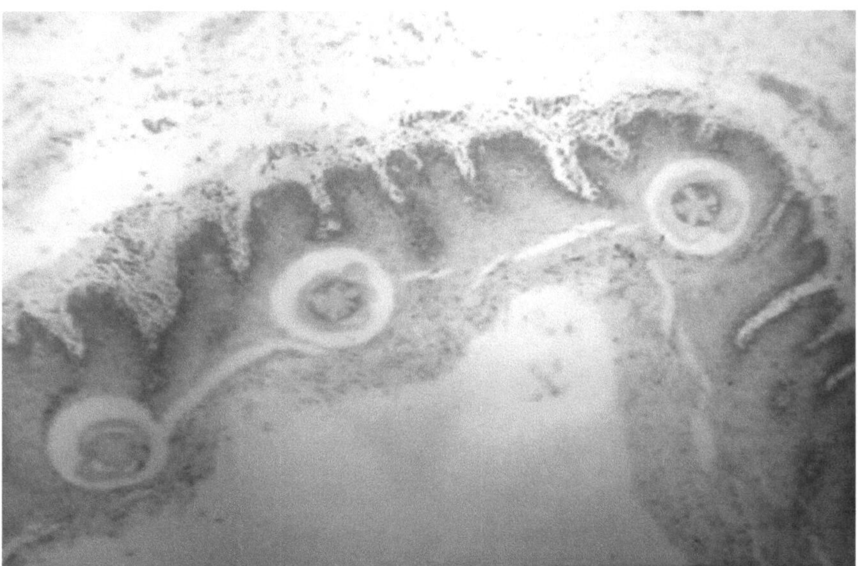

Figura 2: Parasita intra-epitelial no esófago. (Coloração H&E. 40X)

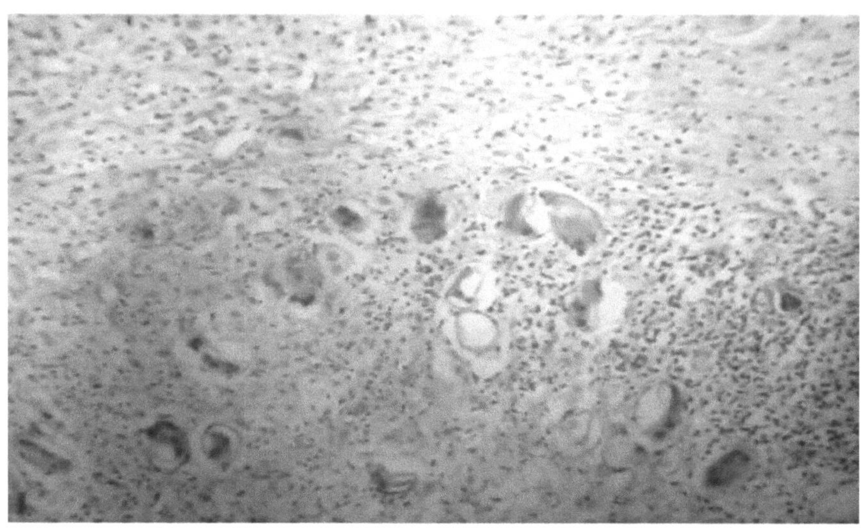

Figura 3: Parasita intra-epitelial no pulmão (coloração H&E. 10X)

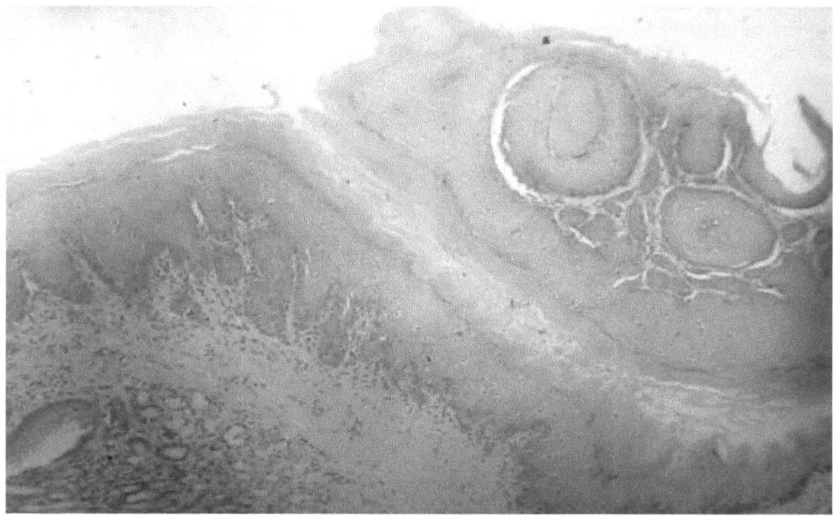

Figura 4: Parasita intra-epitelial no esófago. (Coloração H&E. 10X)

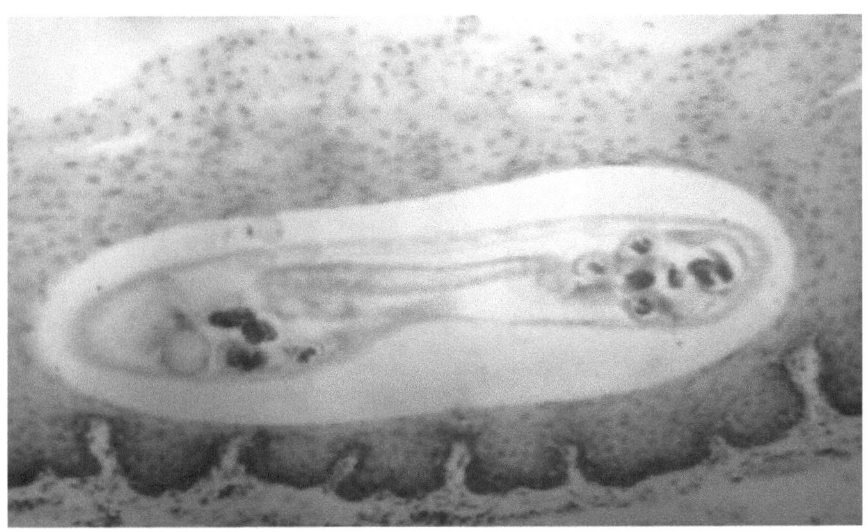

Figura 5: Parasita intra-epitelial no esófago. (Coloração H&E. 40X)

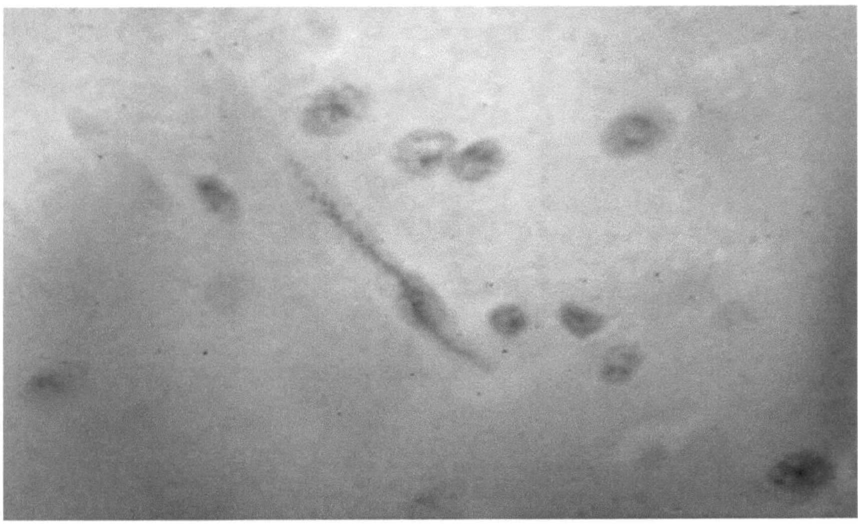

Figura 6: microfilárias no sinusoide do fígado. (Coloração H&E. 10X)

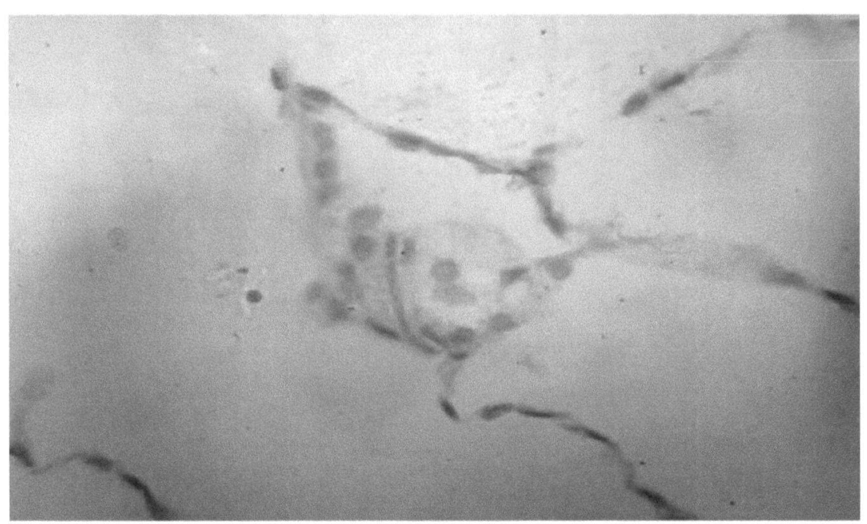

Figura 7: microfilárias em pequenos capilares no pulmão (coloração H&E. 40X)

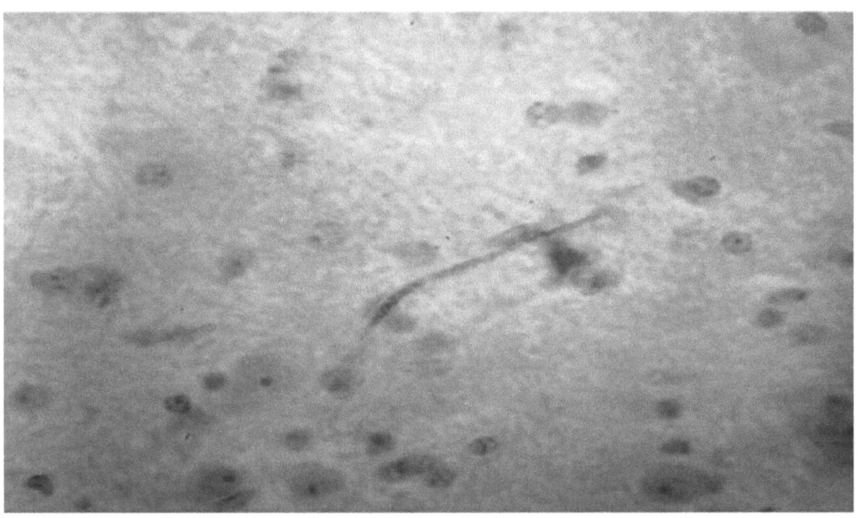

Figura 8: microfilárias no sinusoide do fígado. (Coloração H&E. 10X)

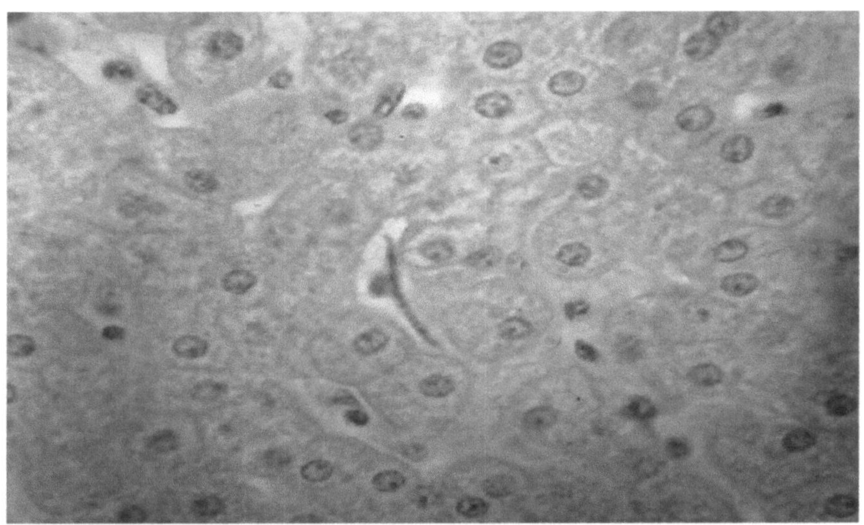

Figura 9: microfilárias no sinusoide do fígado. (Coloração H&E. 10X)

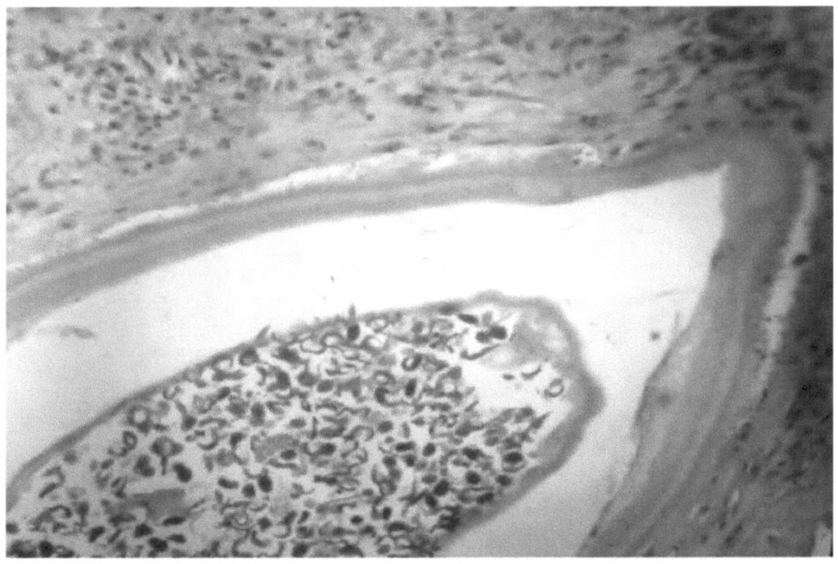

Figura 10: Filária adulta em vaso sanguíneo renal. (Coloração H&E. 10X)

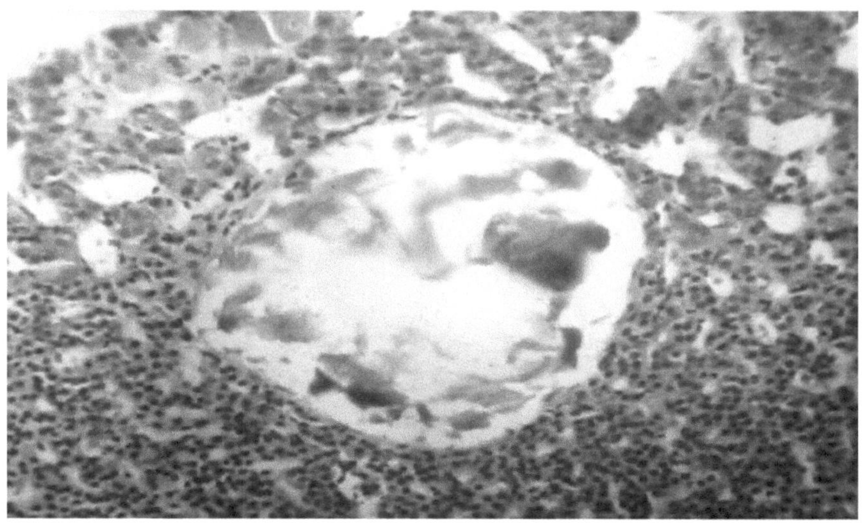

Figura 11: parasita em formação de cisto no fígado. (Coloração H&E. 10X)

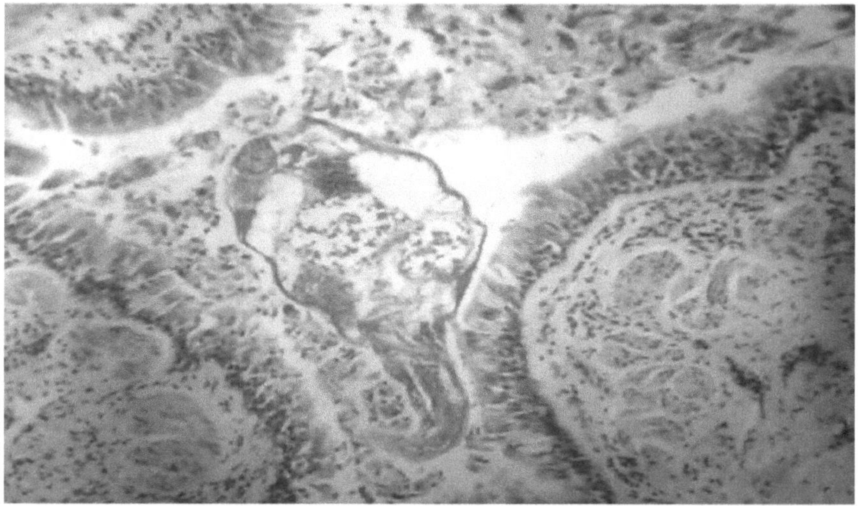

Figura 12: parasita intra brônquico no lúmen dos brônquios com células inflamatórias. (Coloração H&E. 10X)

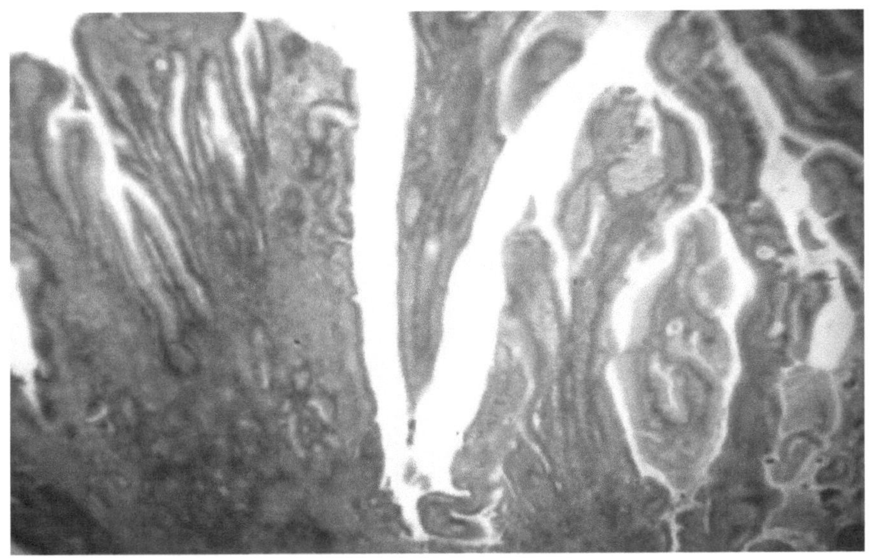

Figura 13: parasita no estômago (coloração H&E. 10X)

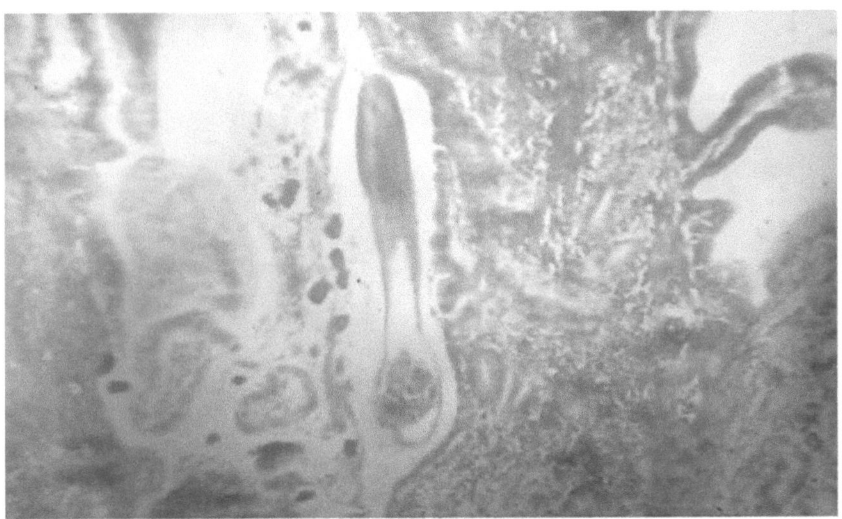

Figura 14: parasita no estômago (coloração H&E. 10X)

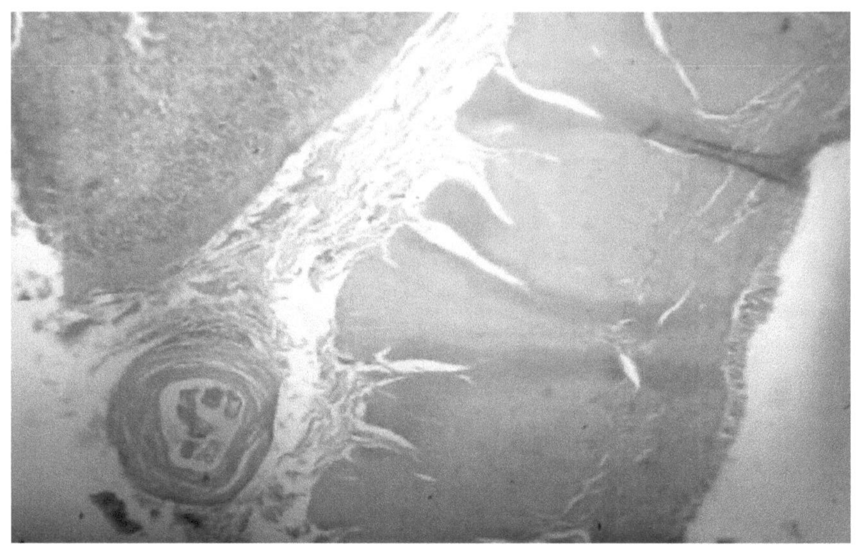

Figura 15: parasita no estômago (coloração H&E. 10X)

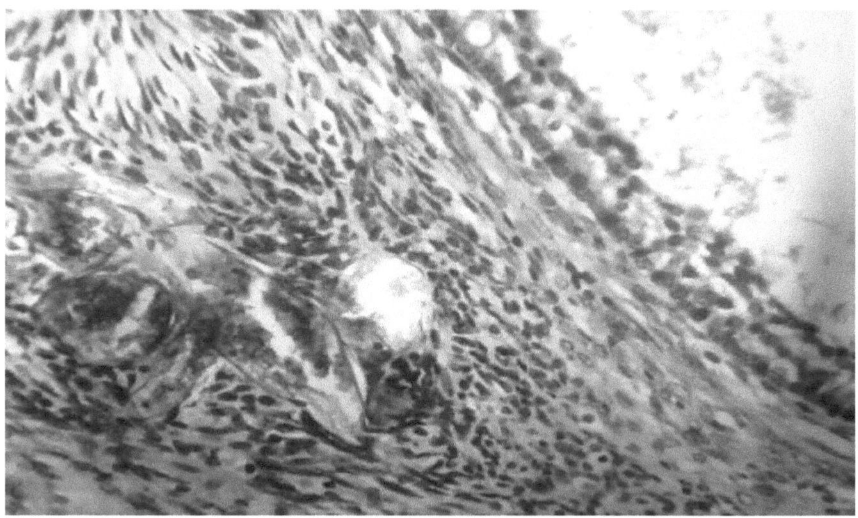

Figura 16: parasita no fígado (coloração H&E. 10X)

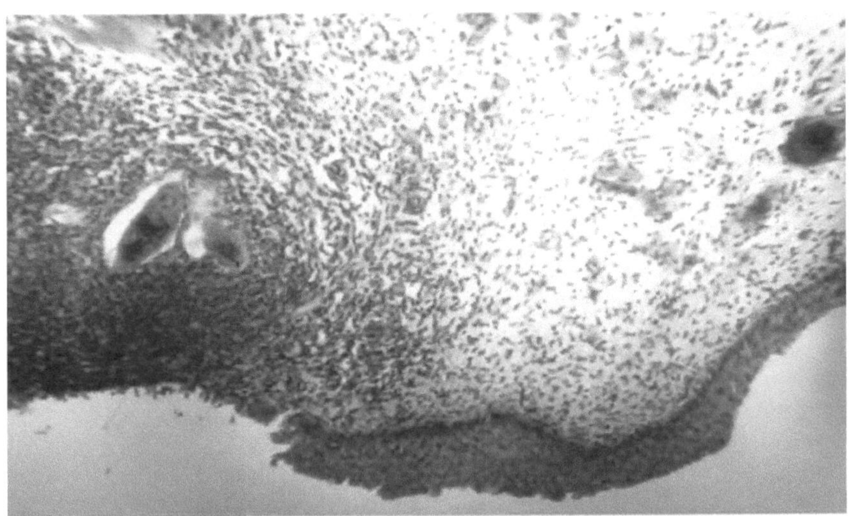

Figura 17: encistado no subepitélio do esófago (coloração H&E. 10X)

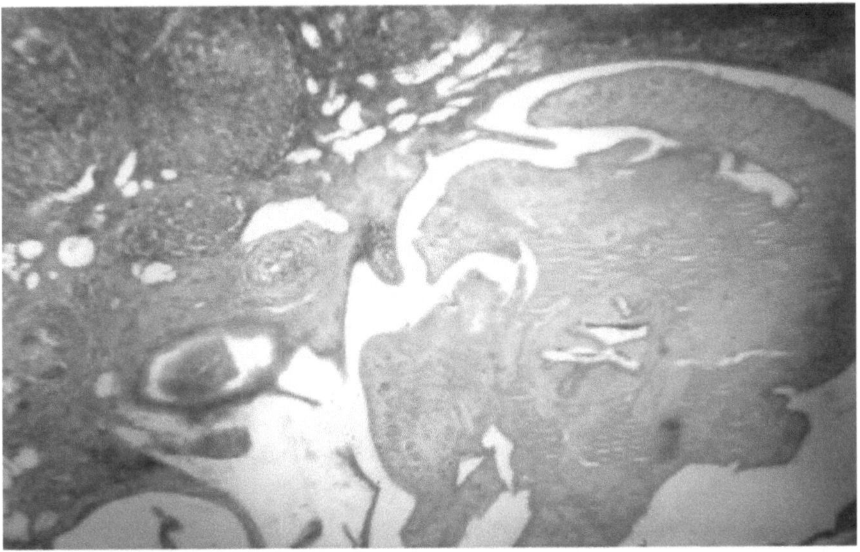

Figura 18: parasita adulto e parasita encistado no fígado (coloração H&E. 4X)

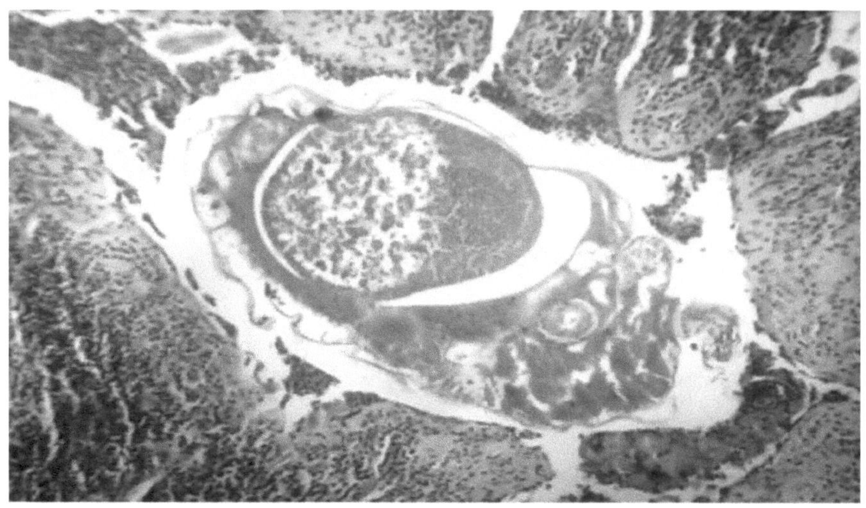

Figura 19: parasita intra-luminal nos brônquios do pulmão (coloração H&E. 10X)

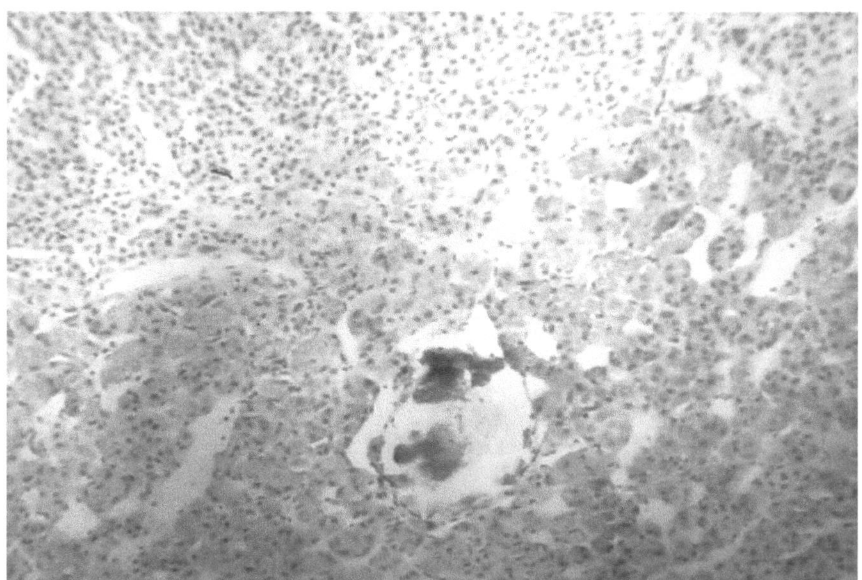

Figura 20: parasita no fígado (coloração H&E. 10X)

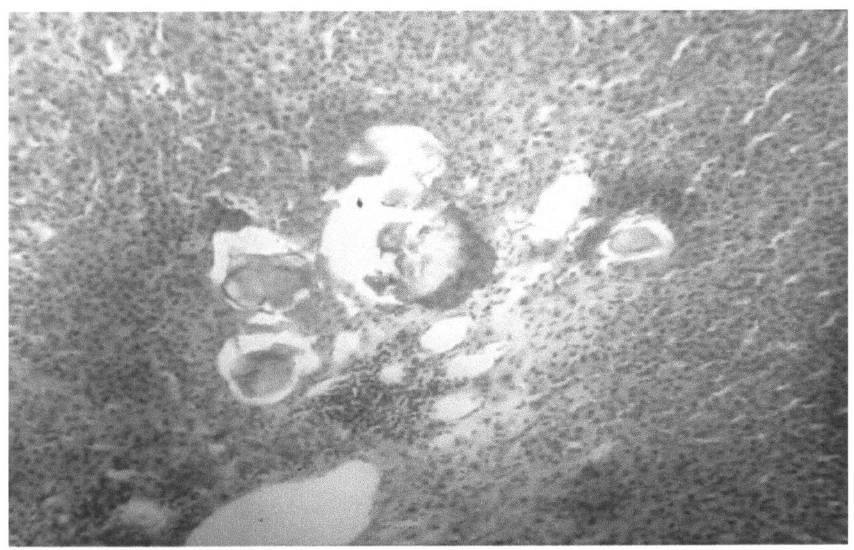

Figura 21: parasita no fígado (coloração H&E. 10X)

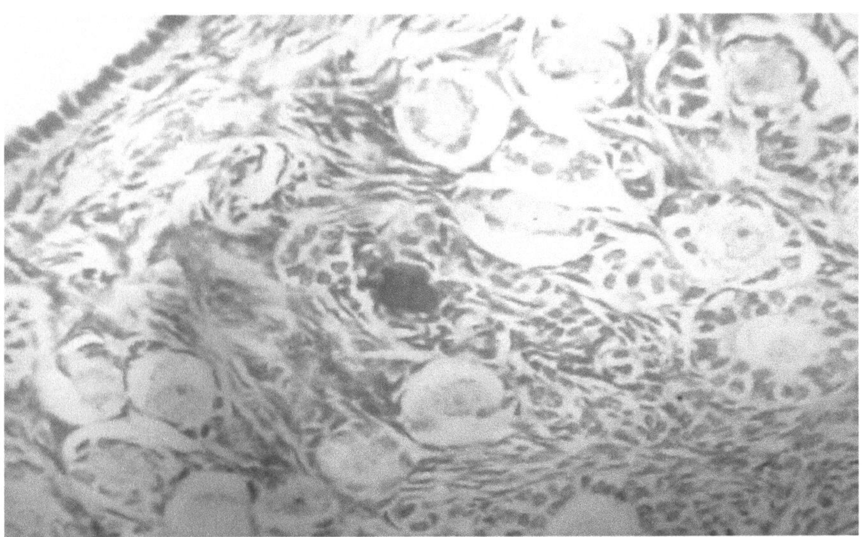

Figura 22: parasita no fígado (coloração H&E. 10X)

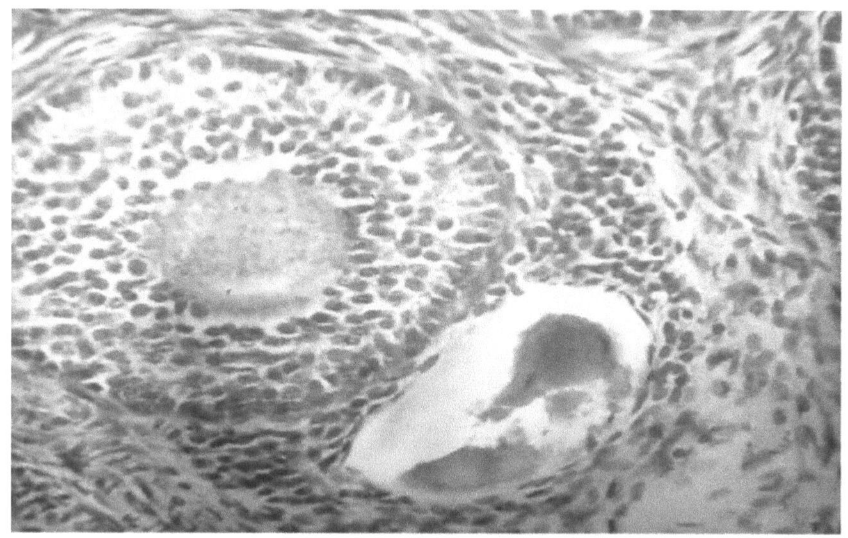

Figura 23: parasita no pulmão (coloração H&E. 10X)

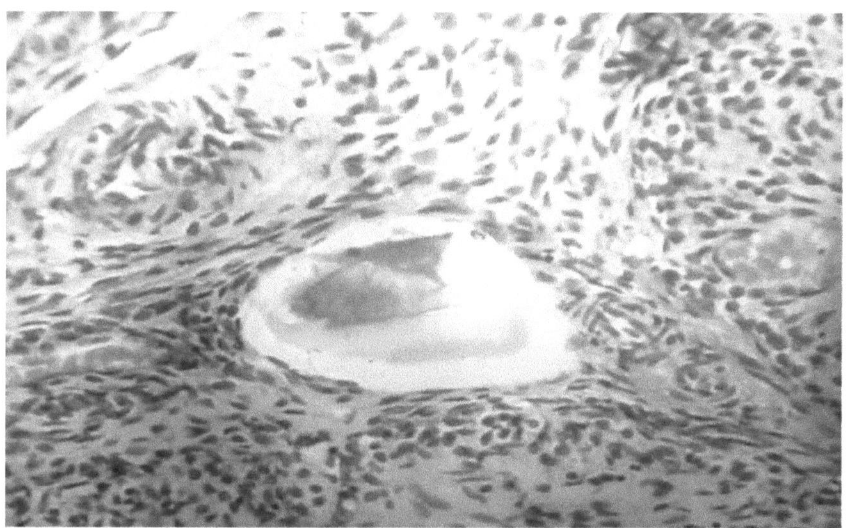

Figura 24: parasita no fígado (coloração H&E. 10X)

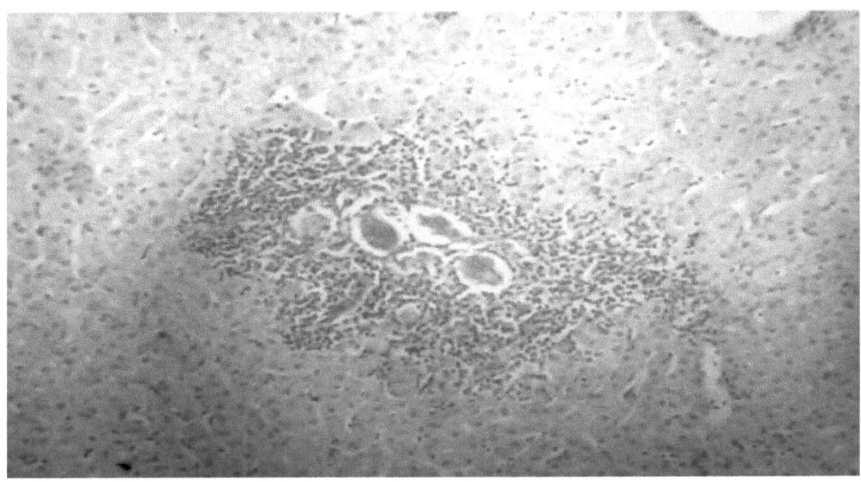

Figura 25: ovos do parasita no fígado associados a células inflamatórias (coloração H&E. 10X)

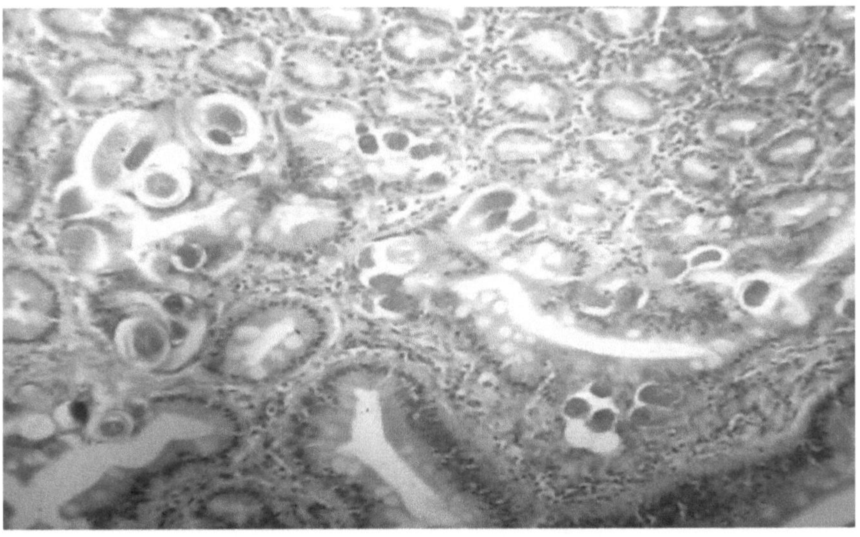

Figura 26: parasita no estômago (coloração H&E. 40X)

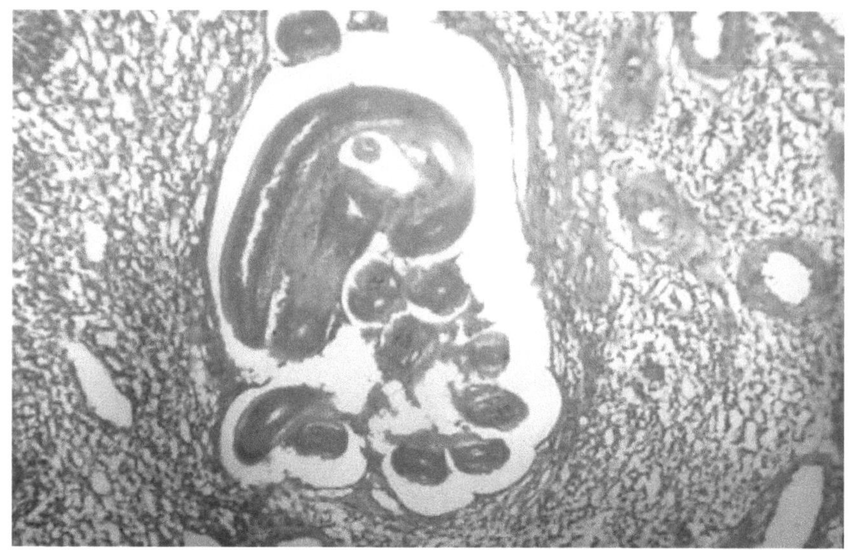

Figura 27: parasita no estômago (coloração H&E. 10X)

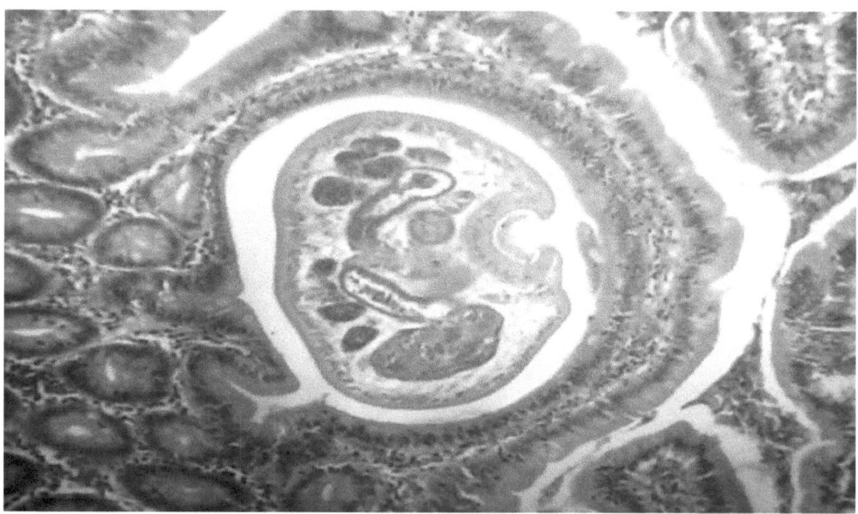

Figura 28: parasita no estômago (coloração H&E. 40X)

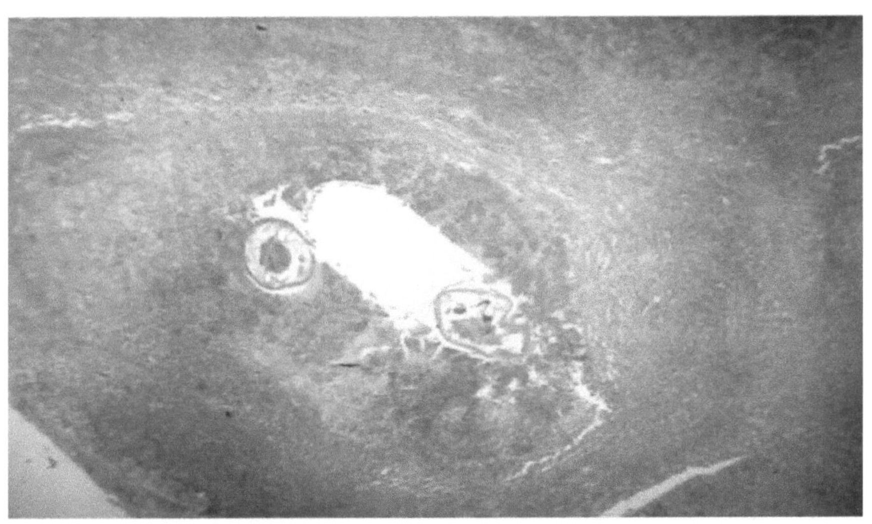

Figura 29: parasita no fígado (coloração H&E. 10X)

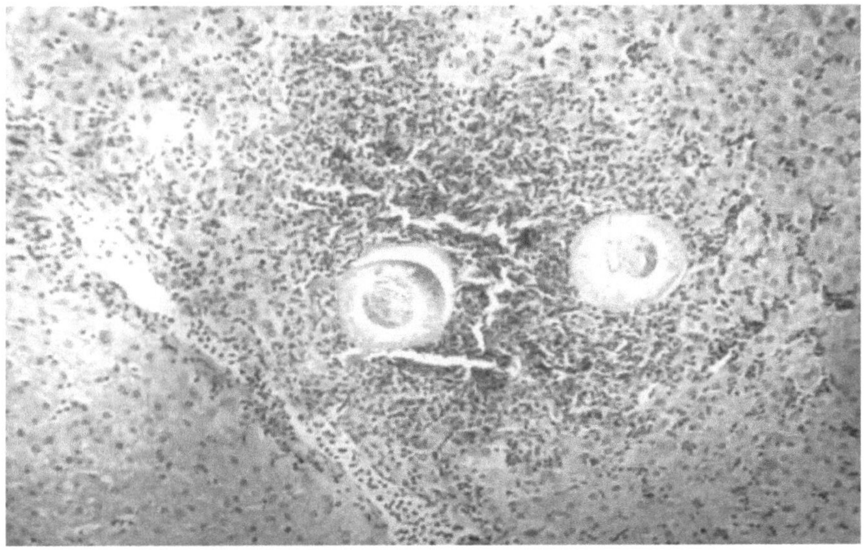

Figura 30: parasita no estômago (coloração H&E. 10X)

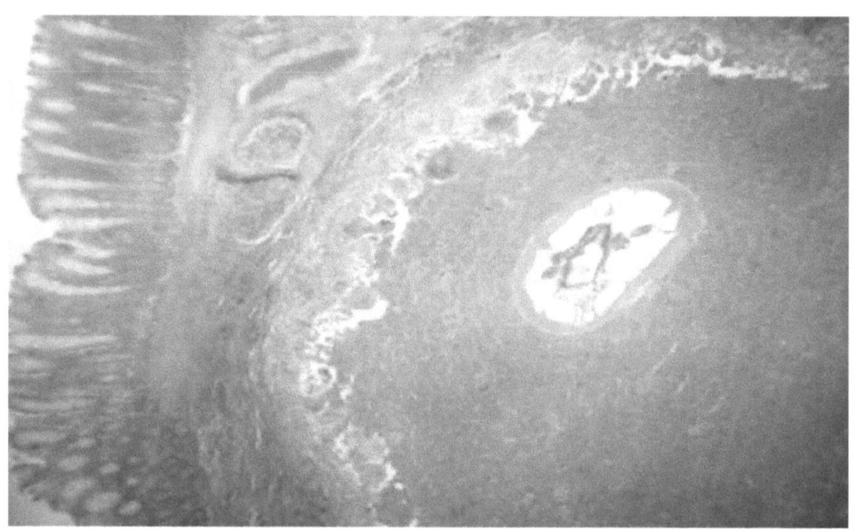

Figura 31: parasita no cólon (coloração H&E. 10X)

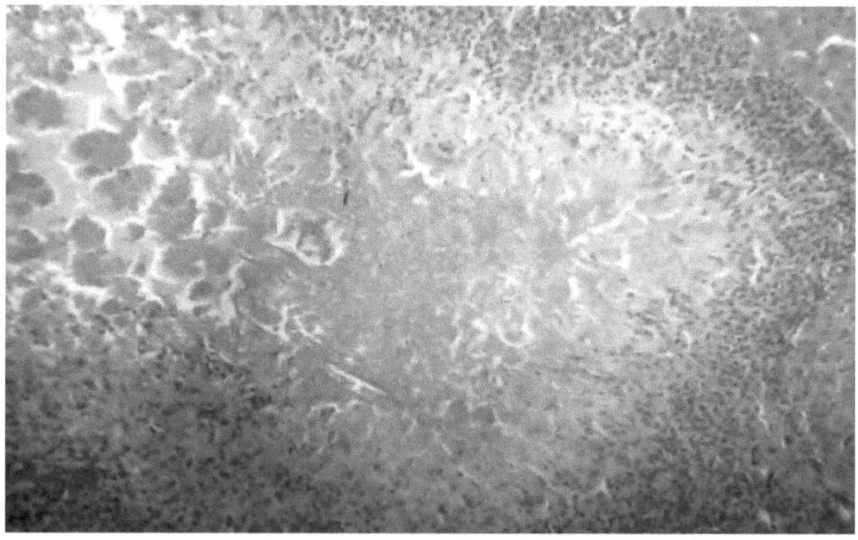

Figura 32: parasita no cólon (coloração H&E. 10X)

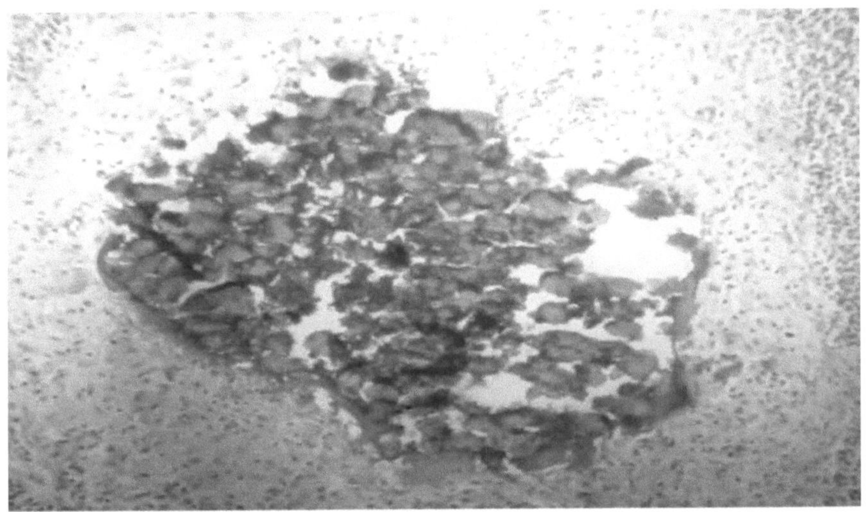

Figura 33: reação do parasita associada a calcificação (coloração H&E. 10X)

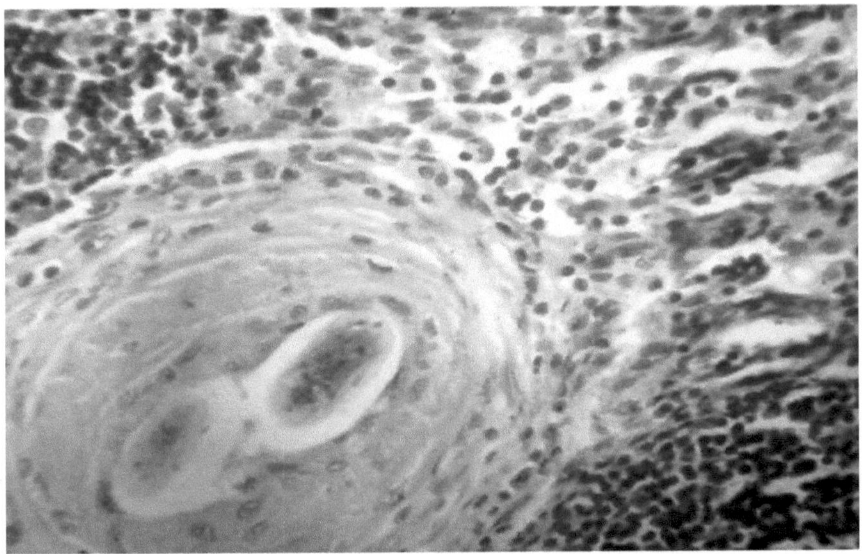

Figura 34: ovos do parasita envoltos em fibrose (coloração H&E. 40X)

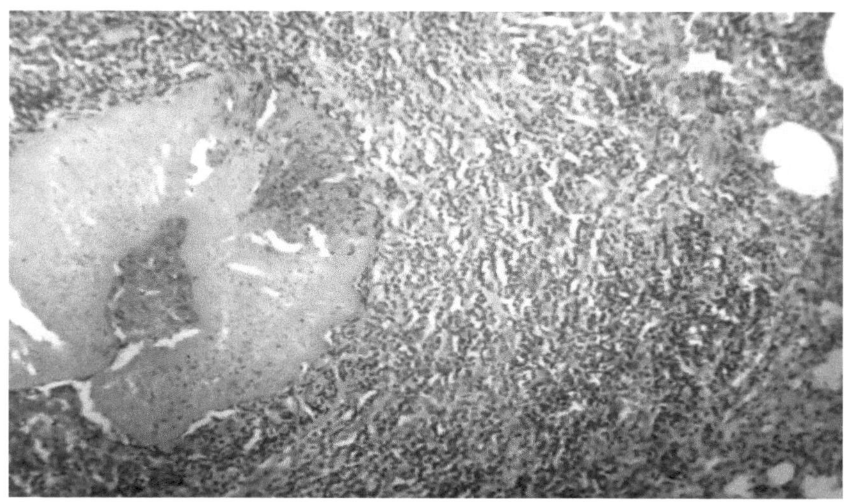

Figura 35: Granuloma do parasita associado a necrose central (coloração H&E. 10X)

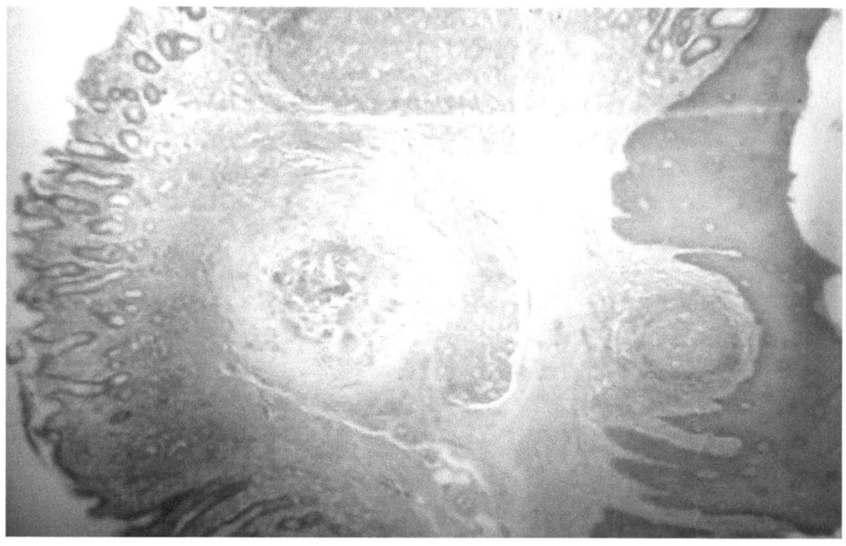

Figura 36: Cólon com reação parasitária na submucosa devido a ovos parasitas (cólon) (coloração H&E. 10X)

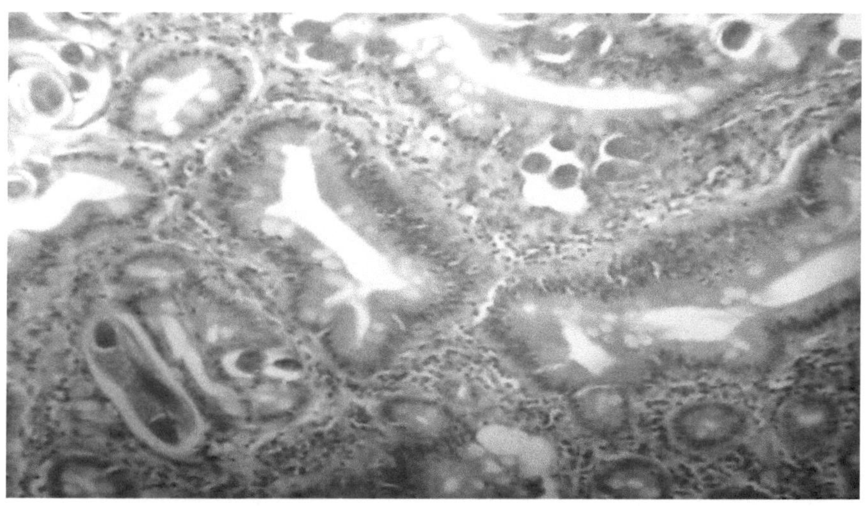

Figura 37: parasita no estômago (coloração H&E. 40X)

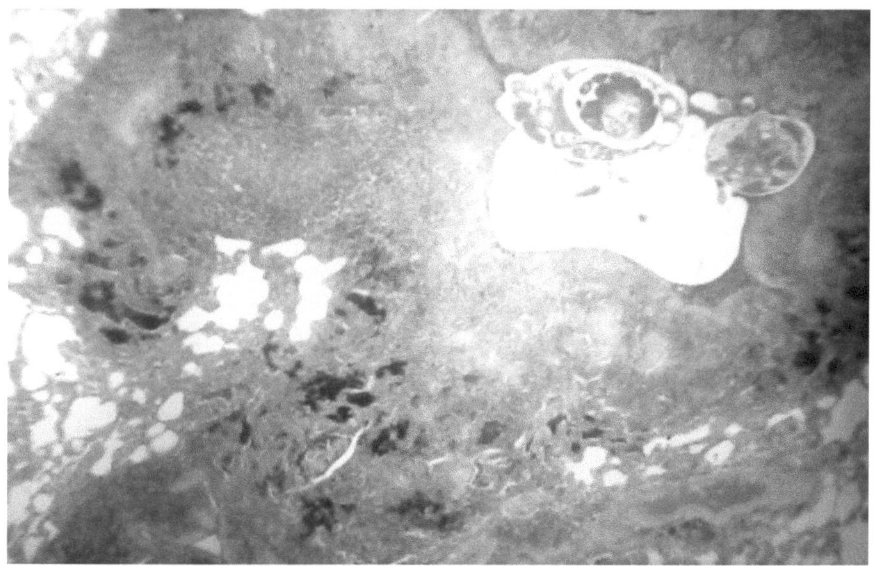

Figura 38: parasita no estômago (coloração H&E. 40X)

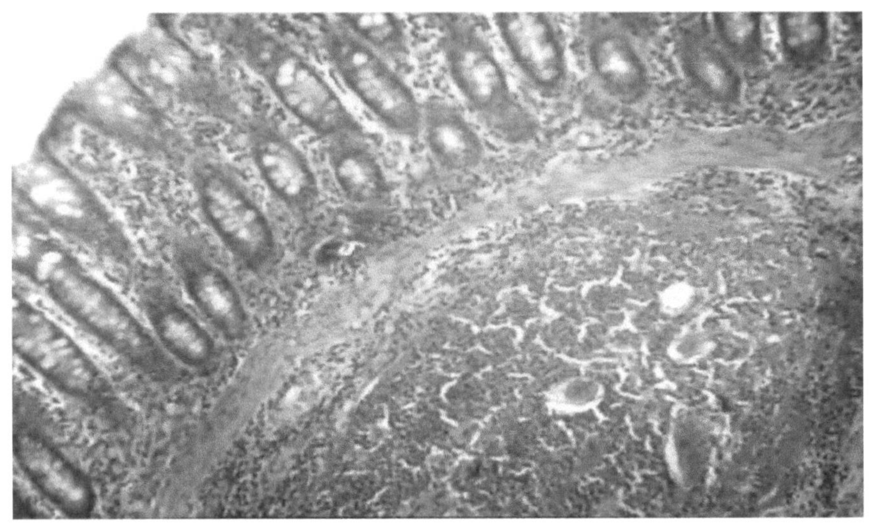

Figura 39: parasita no cólon, notar reação inflamatória sub mucosa com ovos parasitas de Schistosoma (coloração H&E. 40X)

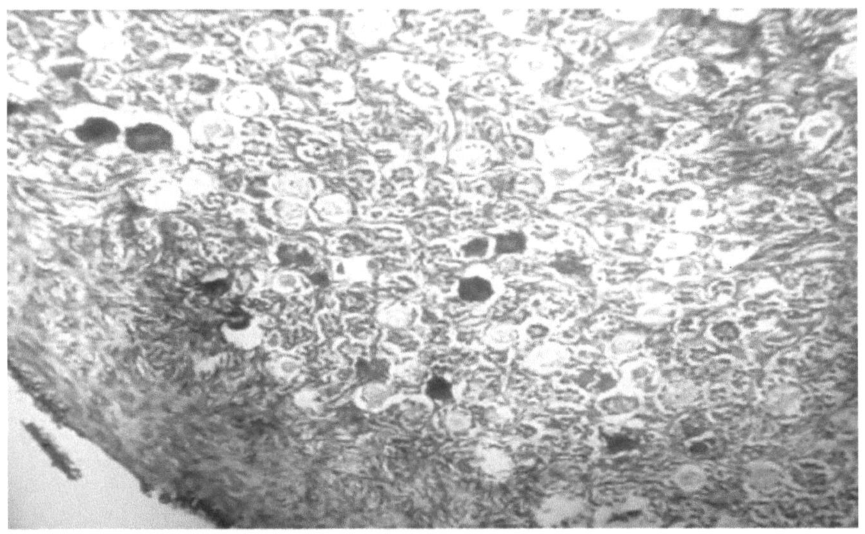

Figura 40: ovos de Schistosoma na sub mucosa do cólon (coloração H&E. 10X)

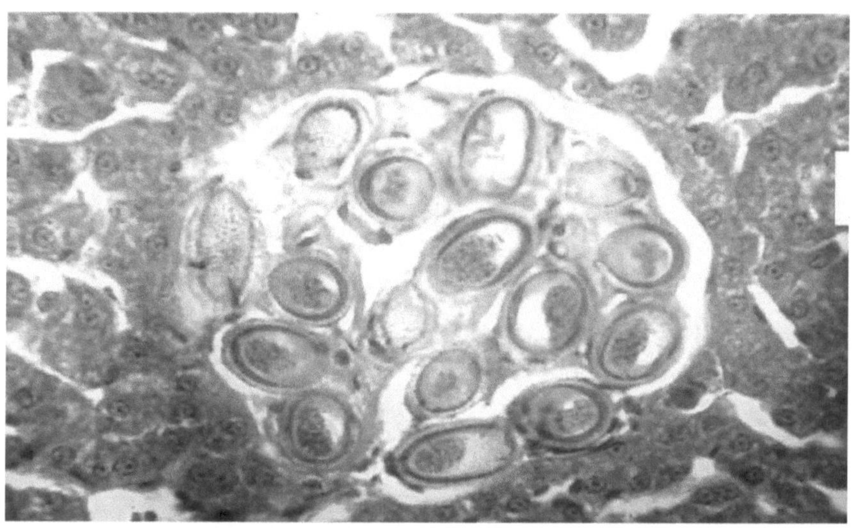

Figura 41: ovos de capilaria no fígado rodeados por um quisto (coloração H&E. 40X)

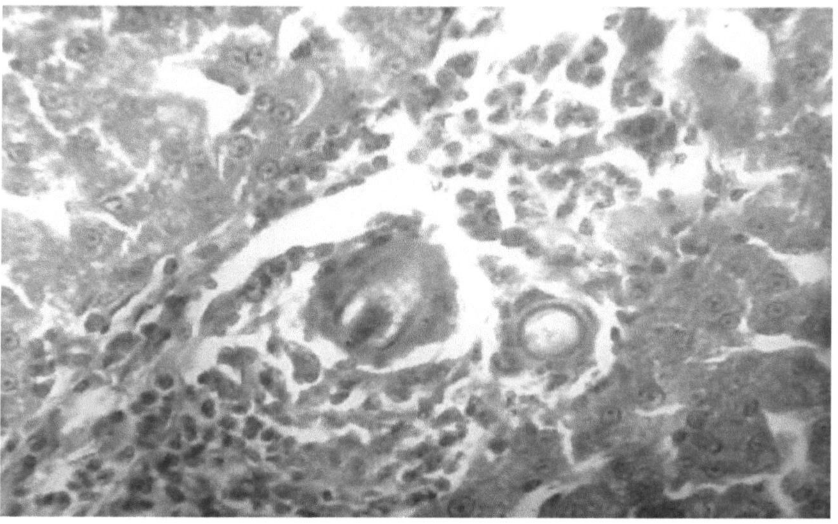

Figura 42: parasita no fígado associado a células inflamatórias (coloração H&E. 10X)

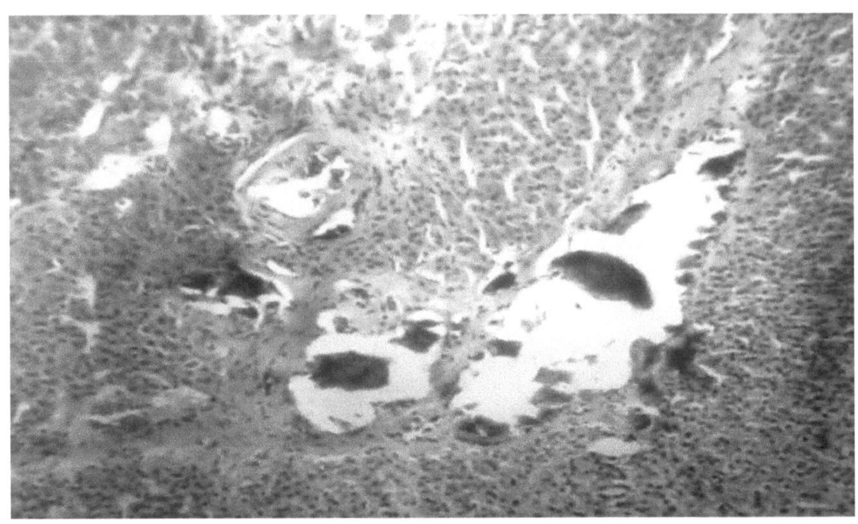

Figura 43: Ovos associados a células inflamatórias na fibrose. .(coloração H&E. 10X)

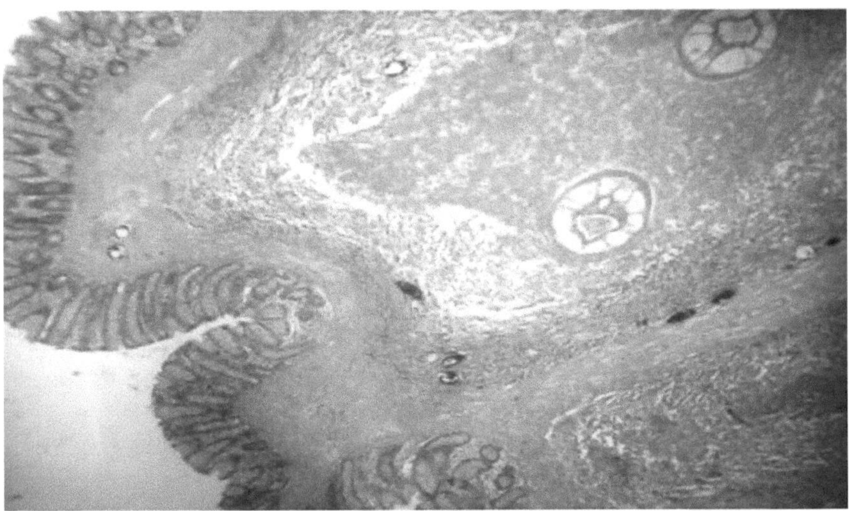

Figura 44: reação inflamatória da submucosa associada à secção do parasita. .(coloração H&E. 10X)

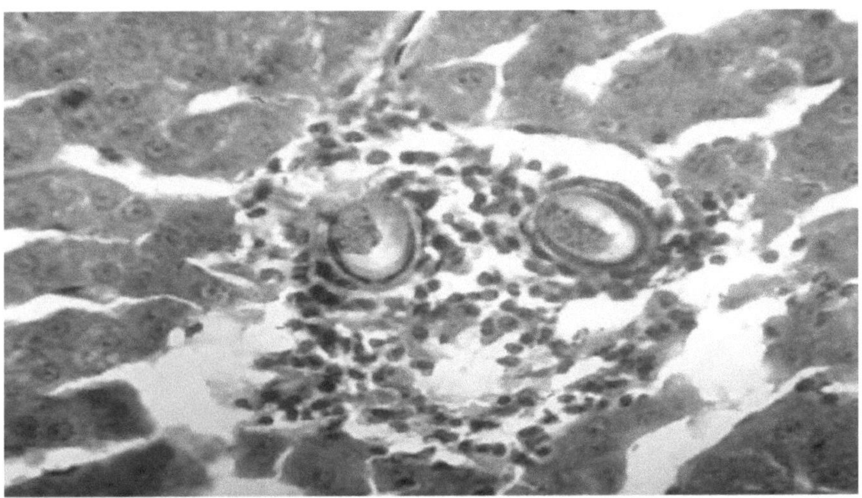

Figura 45: fígado com ovos do parasita capilaria associados a células inflamatórias em forma de cisto. .(coloração H&E. 40X)

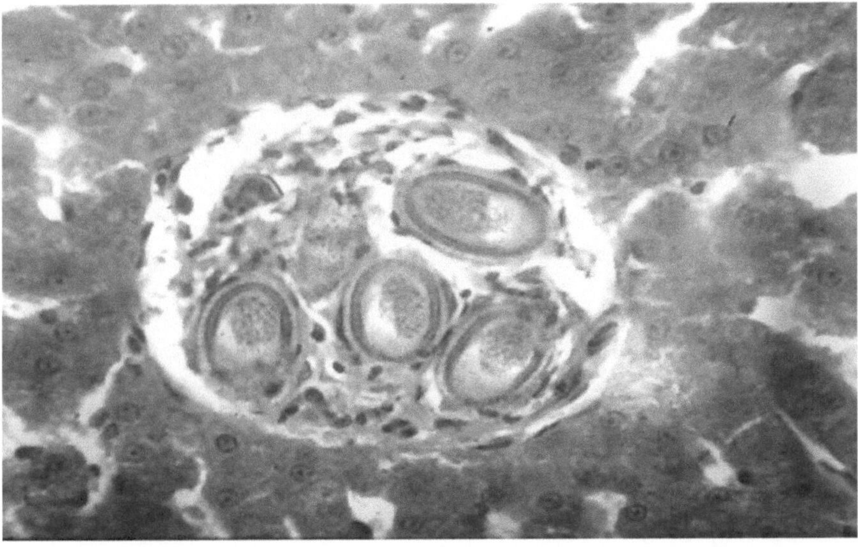

Figura 46: fígado com ovos do parasita capilaria associados a células inflamatórias em forma de cisto. .(coloração H&E. 40X)

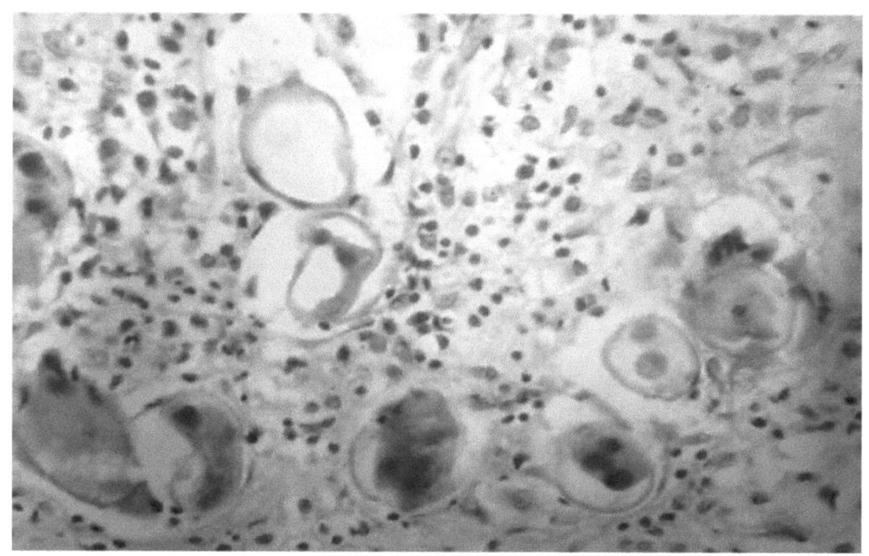

Figura 47: ovos do parasita associados a células inflamatórias e células gigantes multi-nucleadas, ovos parasitas degenerados (coloração H&E. 10X)

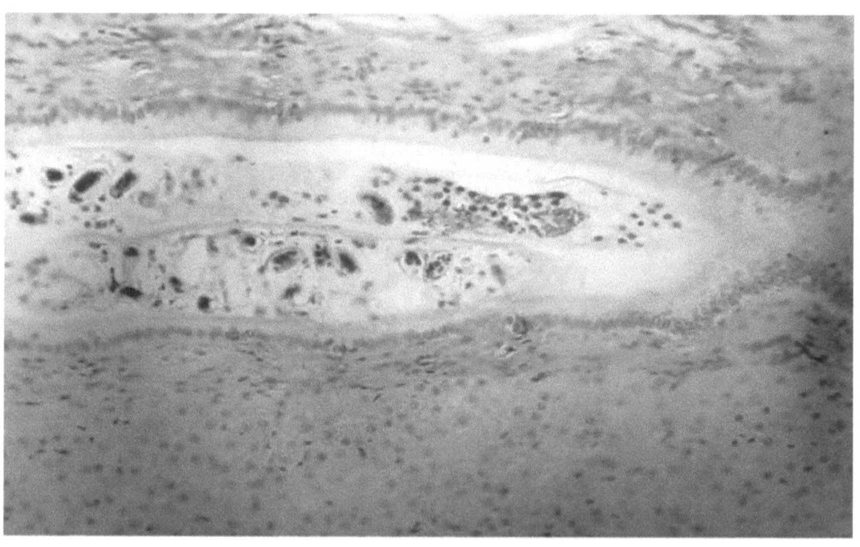

Figura 48: parasita no pulmão (bronquíolo) (coloração H&E. 10X)

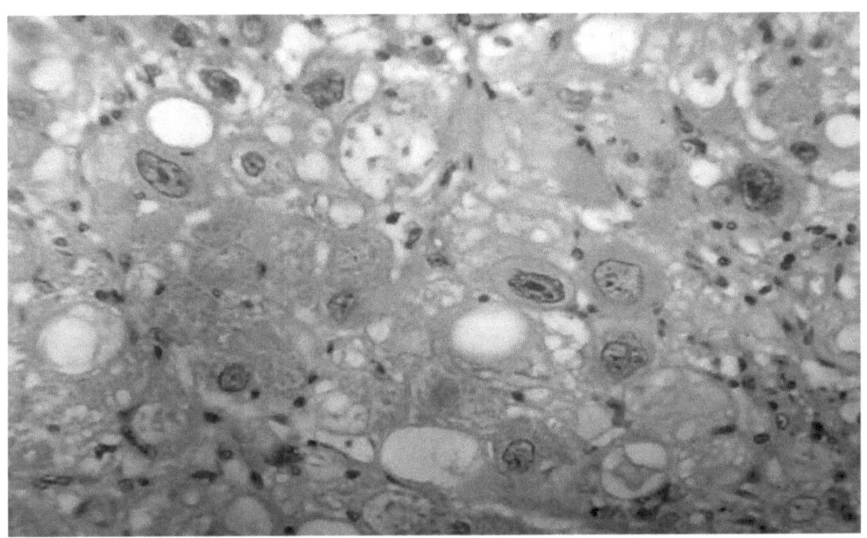

Figura 49: parasita no fígado. .(coloração H&E. 10X)

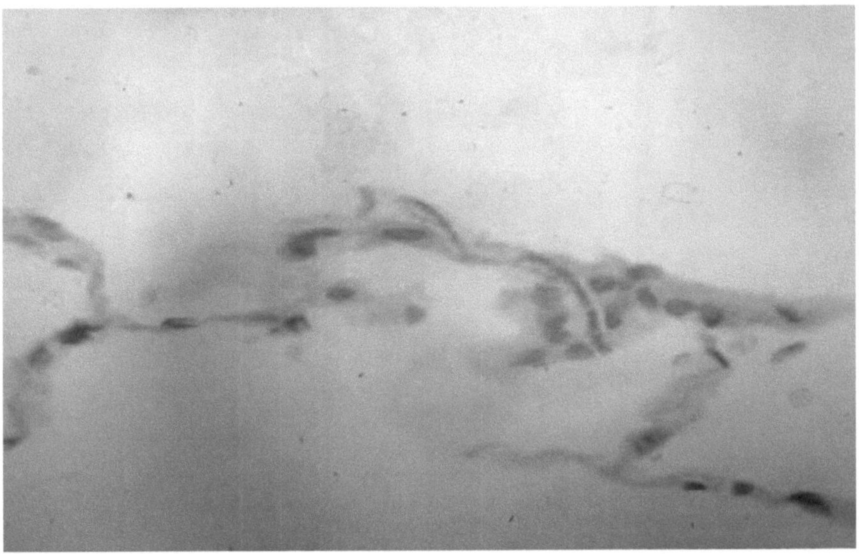

Figura 50: microfilárias em capilares no pulmão (coloração H&E. 10X)

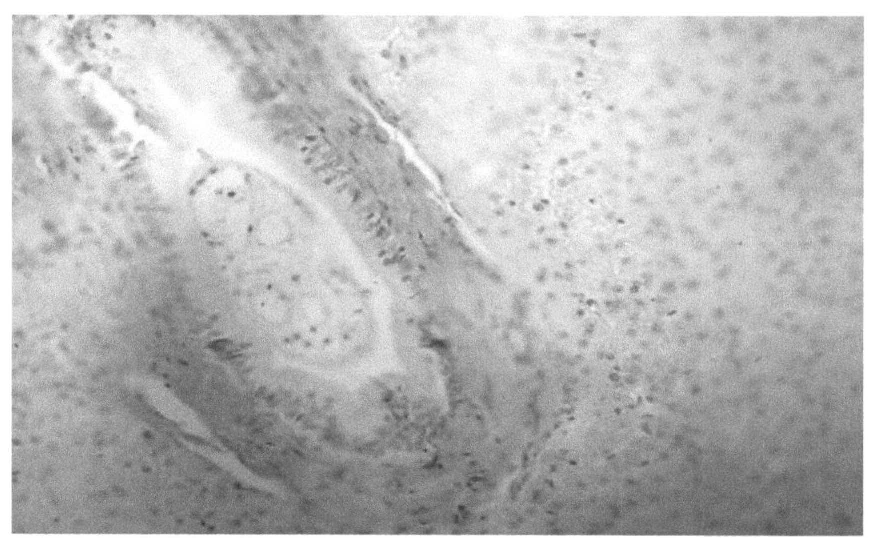

Figura 51: parasita no pulmão (coloração H&E. 40X)

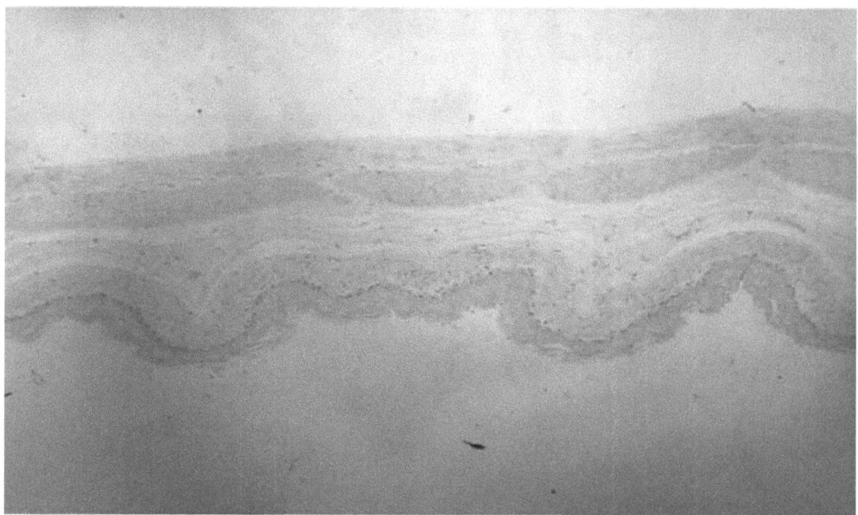

Figura 52: parasita encistado no epitélio subbrônquico (coloração H&E. 4X)

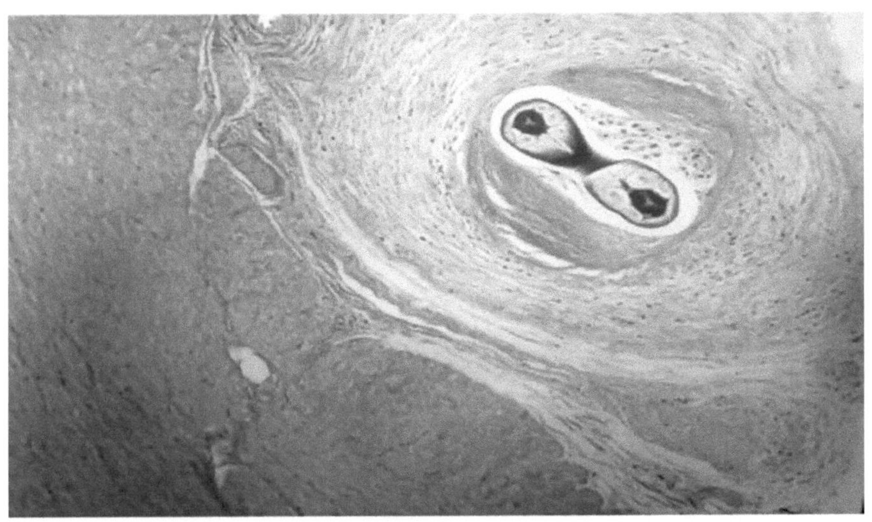

Figura 53: parasita no fígado (veia porta). .(coloração H&E. 10X)

Parte II Os parasitas dos ouriços

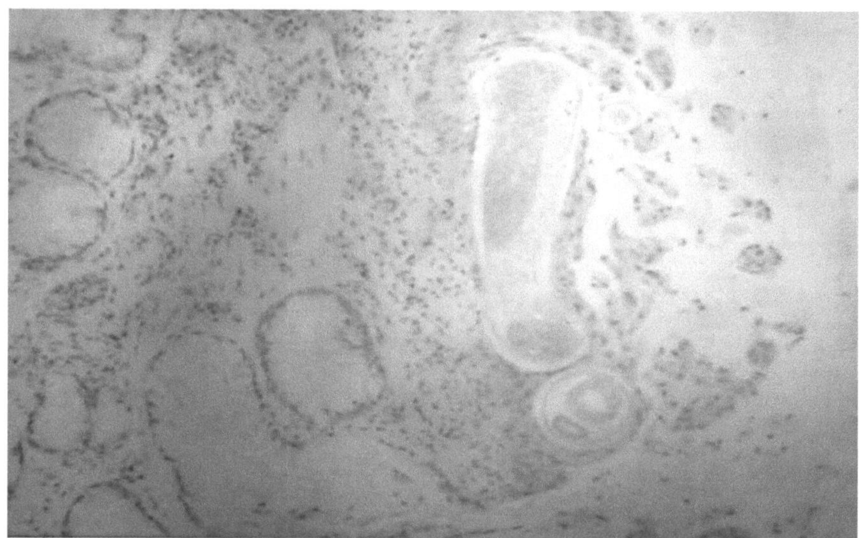

Figura 1: parasita pulmonar Crenosoma spp. (coloração H&E. 10X)

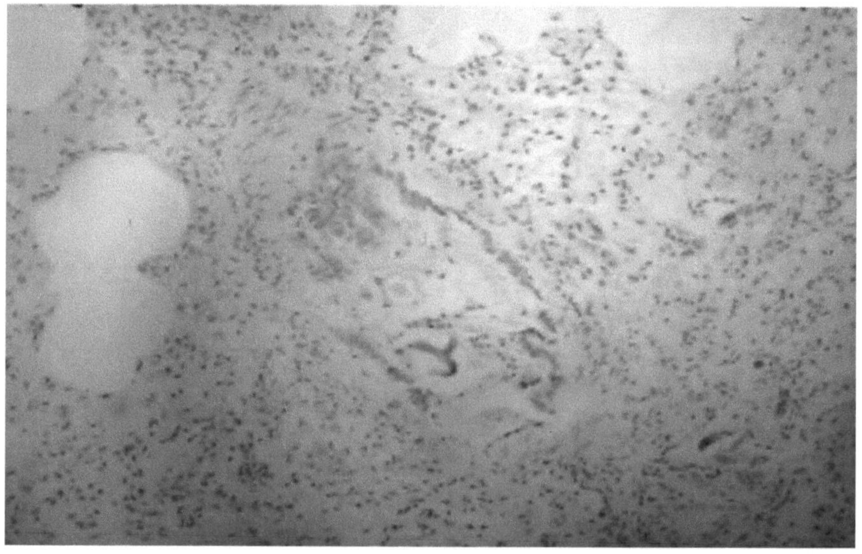

Figura 2: parasita pulmonar sem presença de larvas. (Coloração H&E. 10X)

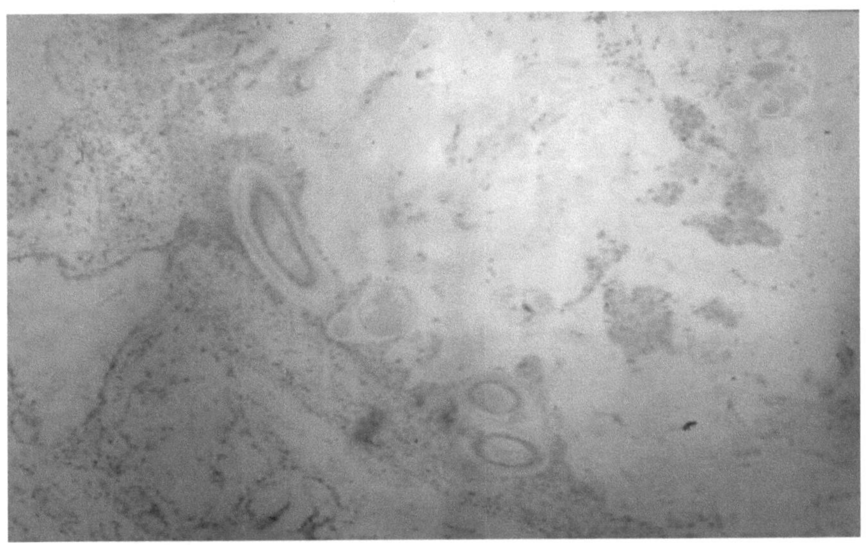

Figura 3: Capilaria adulta encistada no epitélio brônquico. (Coloração H&E. 10X)

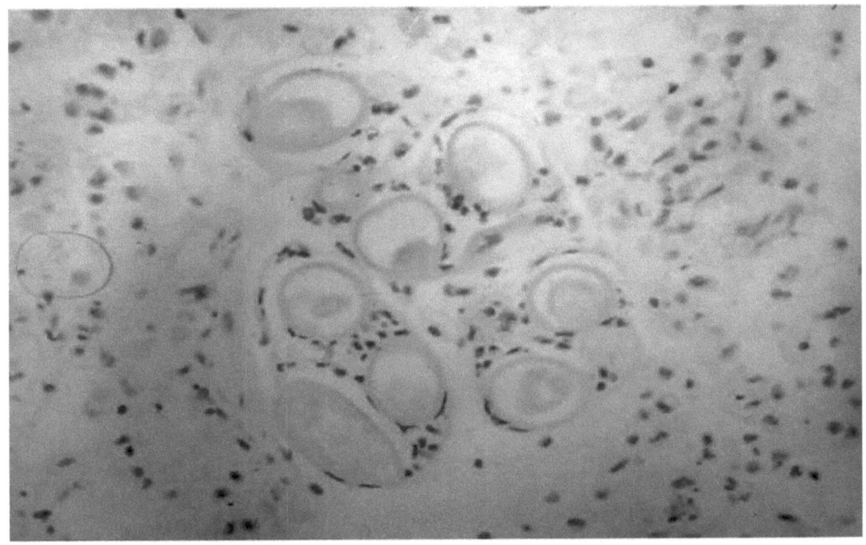

Figura 4: capilária no fígado. (Coloração H&E. 40X)

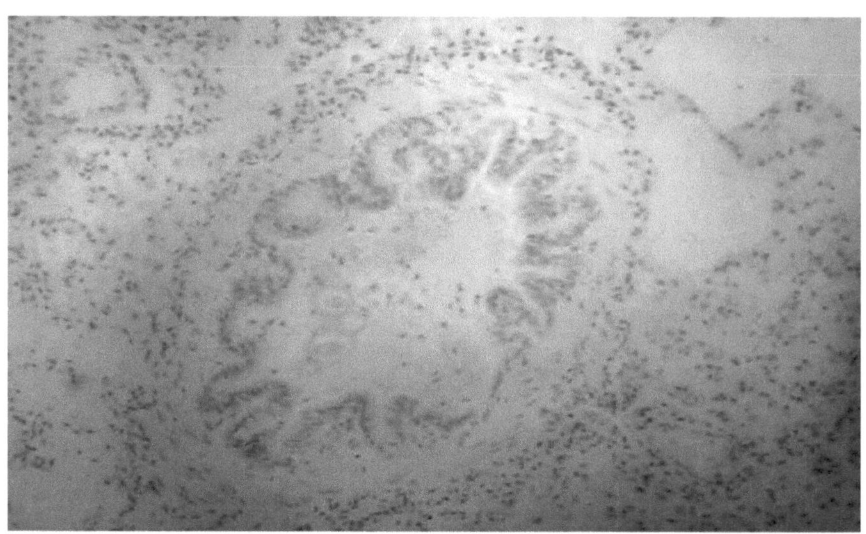

Figura 5: parasita capilaria no pulmão (coloração H&E. 10X)

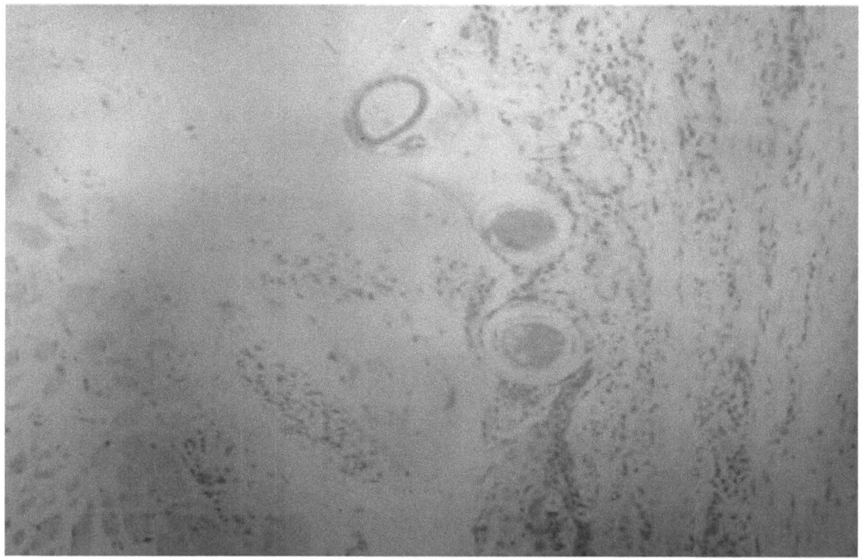

Figura 6: parasita da capilaria no pulmão (coloração H&E. 40X)

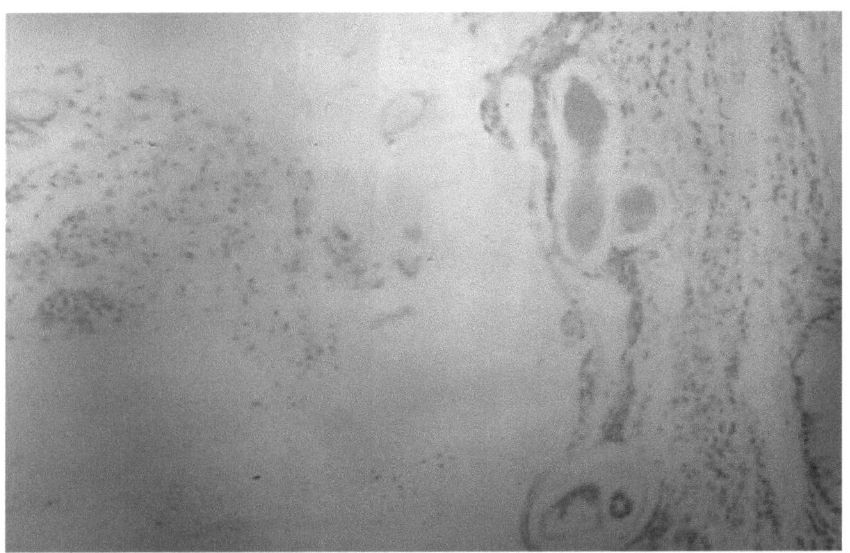

Figura 7: parasita capilaria no pulmão (coloração H&E. 10X)

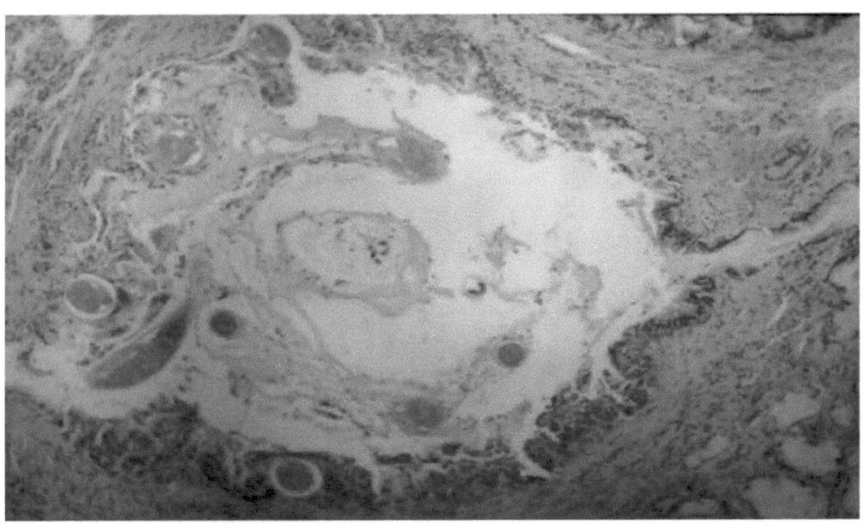

Figura 8: parasita da capilaria no pulmão (coloração H&E. 40X)

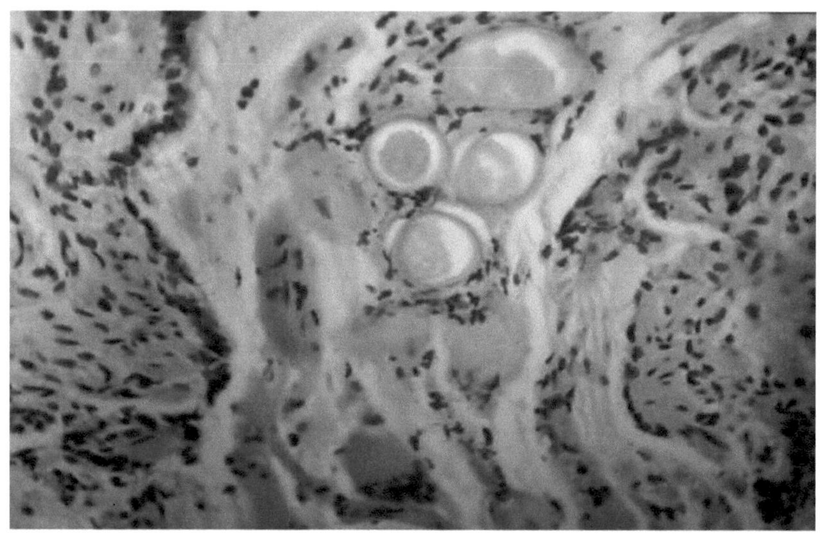

Figura 9: ovos do parasita no ducto biliar do fígado. (Coloração H&E. 40X)

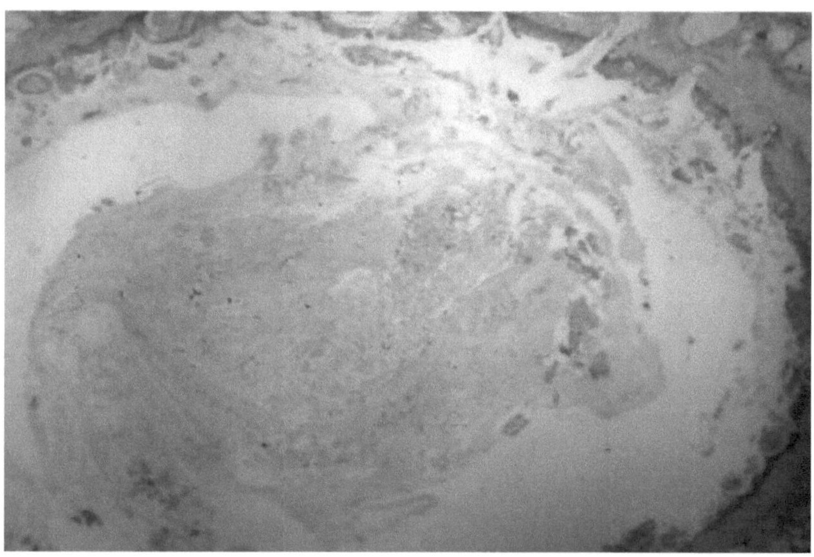

Figura 10: capilaridade intra-brônquica no pulmão (coloração H&E. 10X)

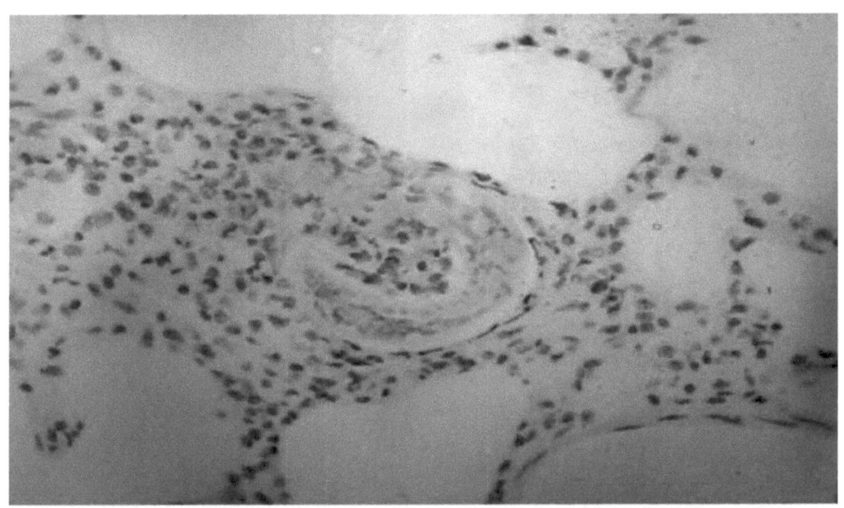

Figura 11: capilaridade intra-brônquica no pulmão (coloração H&E. 40X)

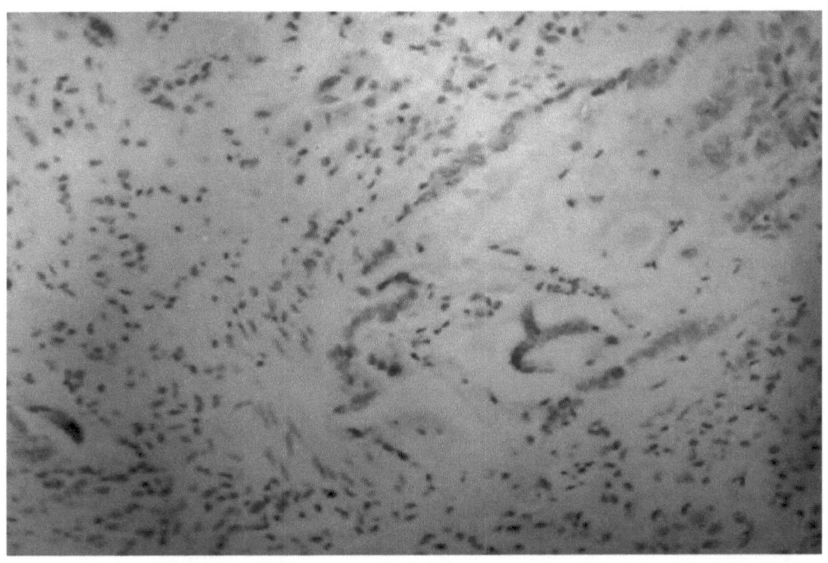

Figura 12: Larvas de capilaria no lúmen do bronquíolo. (Coloração H&E. 10X)

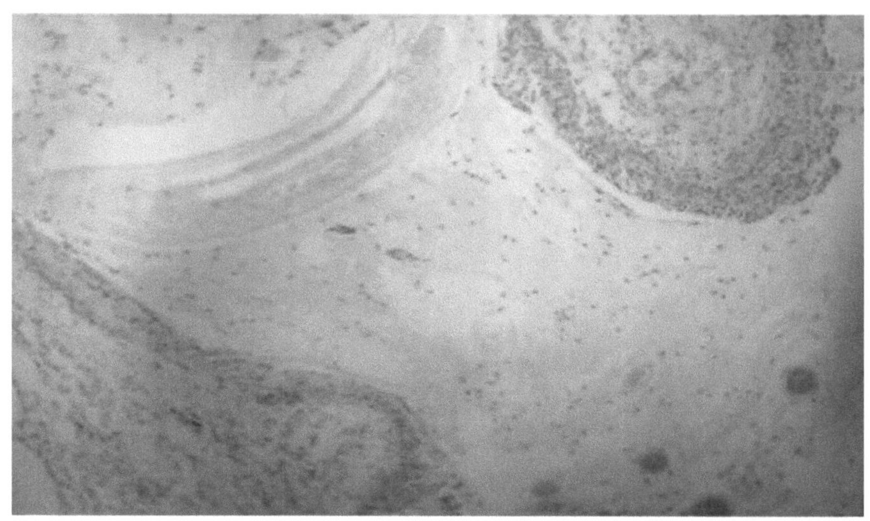

Figura 13: Larvas do parasita no lúmen do bronquíolo do pulmão (coloração H&E. 10X)

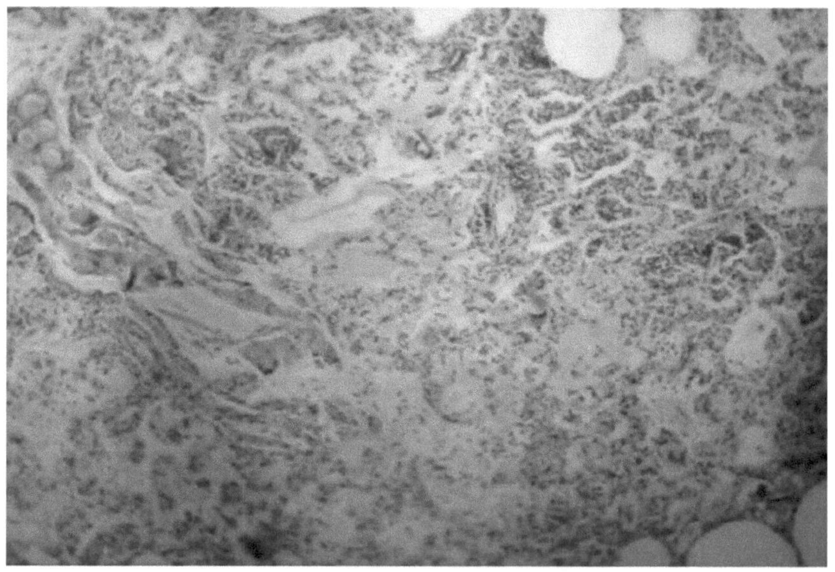

Figura 14: parasita Capilaria no fígado (coloração H&E. 10X)

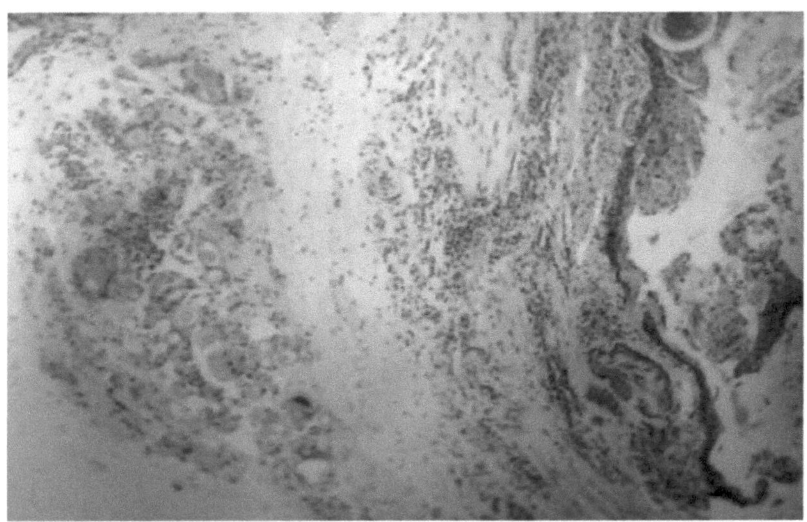

Figura 15: parasita da capilaria no pulmão (coloração H&E. 10X)

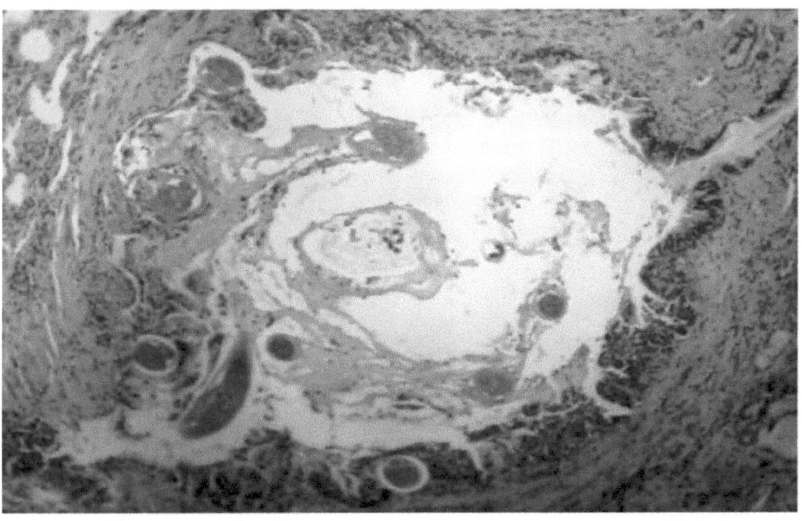

Figura 16: parasita capilaria encistado no epitélio subbrônquico. (Coloração H&E. 40X)

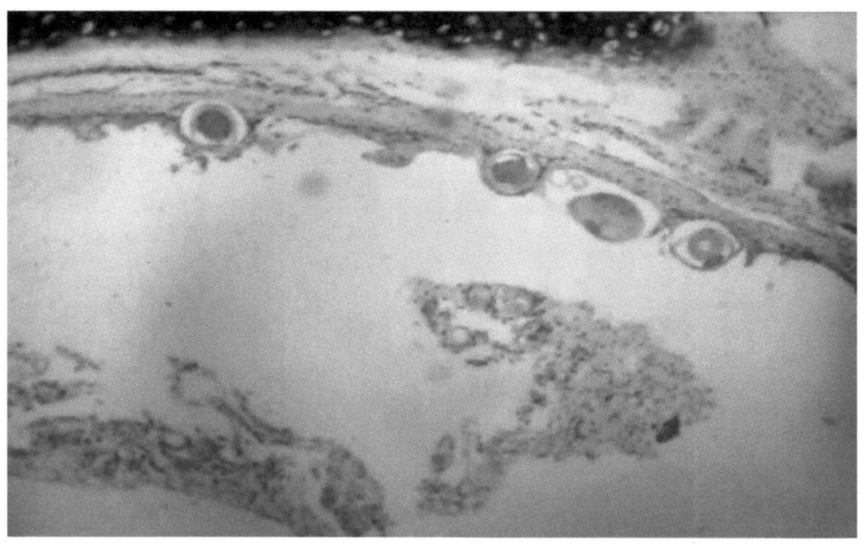

Figura 17: parasita capilaria encistado no epitélio subbrônquico. (Coloração H&E. 40X)

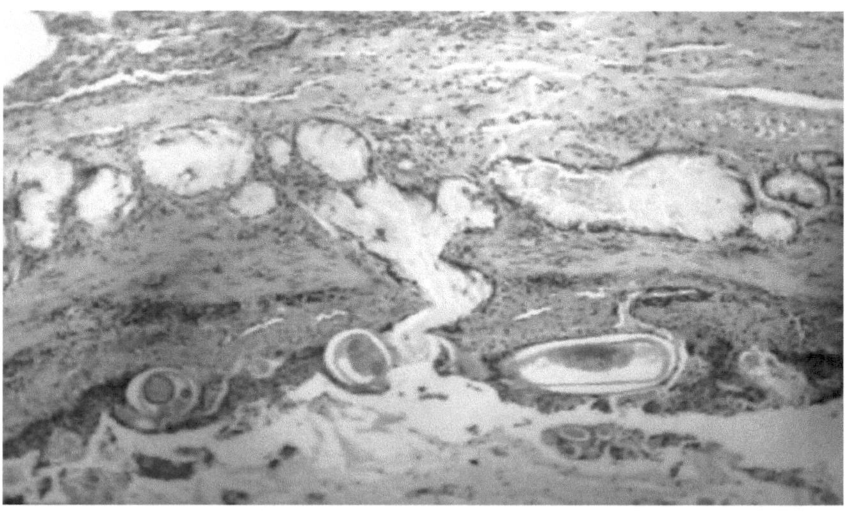

Figura 18: parasita capilaria encistado no epitélio subbrônquico. (Coloração H&E. 40X)

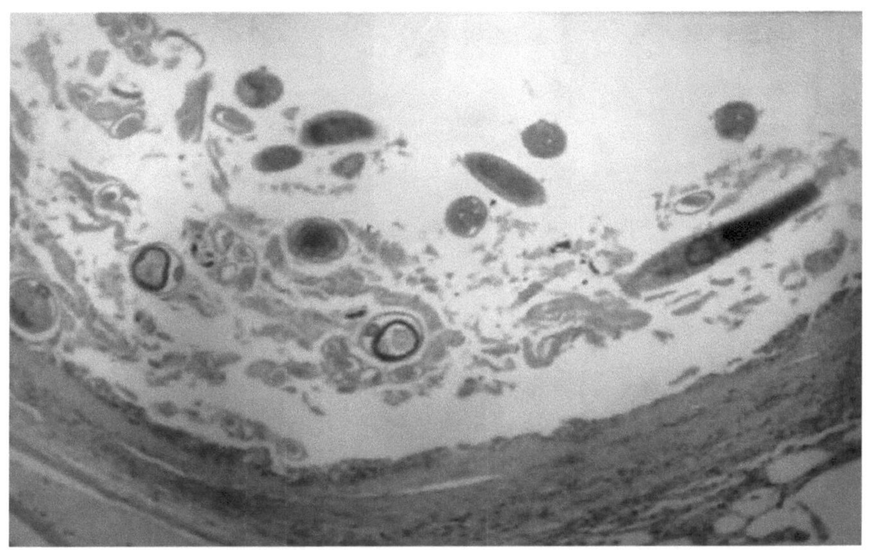

Figura 19: parasita encistado e larvas no lúmen. (Coloração H&E. 40X)

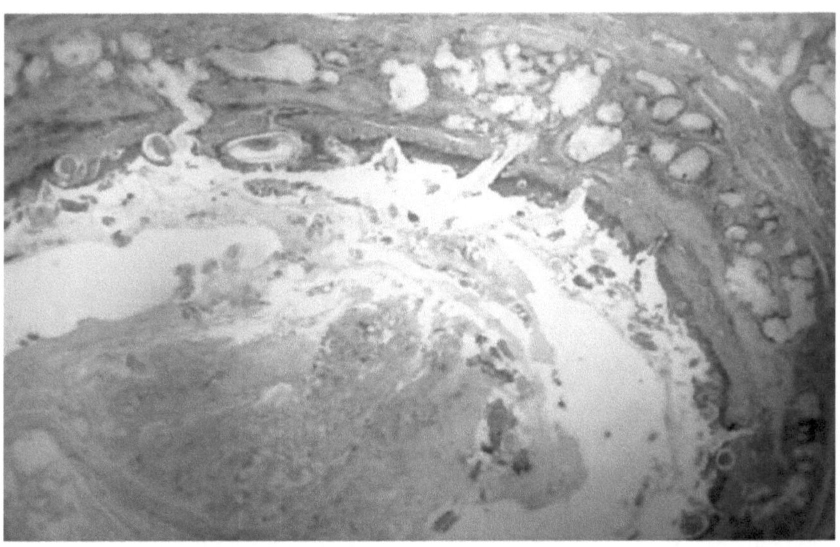

Figura 20: parasita encistado e larvas no lúmen. (Coloração H&E. 40X)

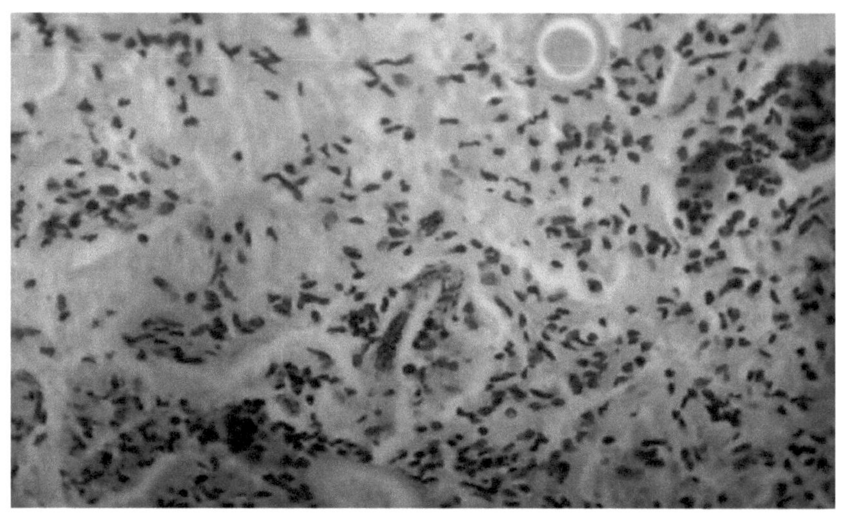

Figura 21: parasita Capilaria no fígado. (Coloração H&E. 40X)

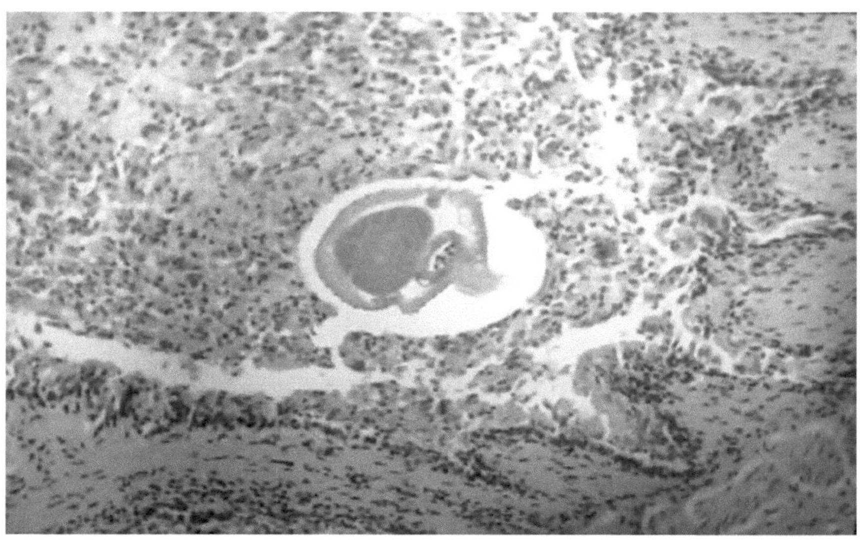

Figura 22: parasita encistado no epitélio subbrônquico. (Coloração H&E. 40X)

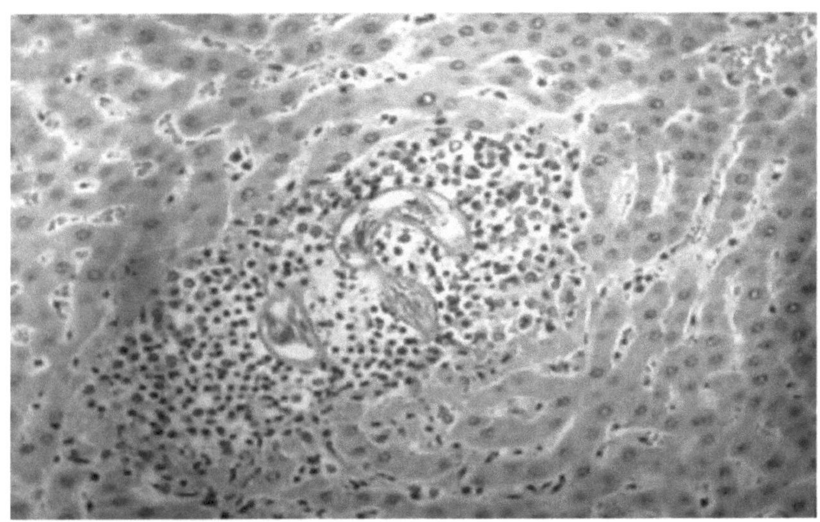

Figura 23: Parasita em sinusoide de fígado associado a células inflamatórias. (Coloração H&E. 40X)

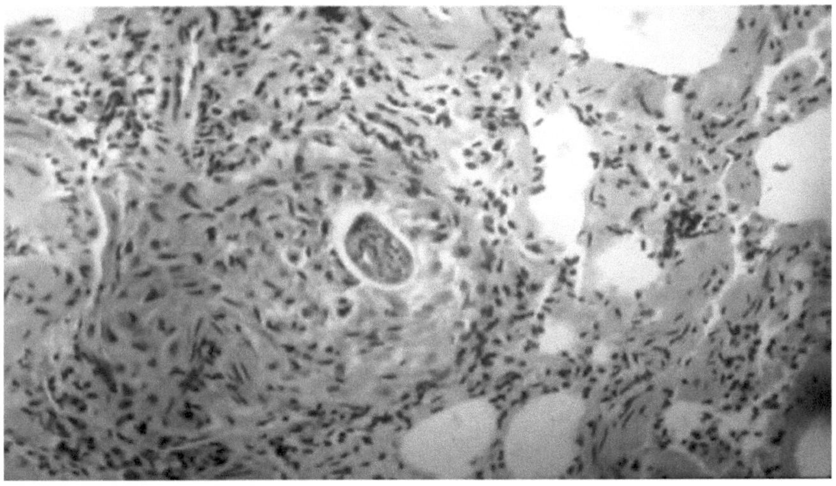

Figura 24: parasita associado a células inflamatórias no fígado. (Coloração H&E. 40X)

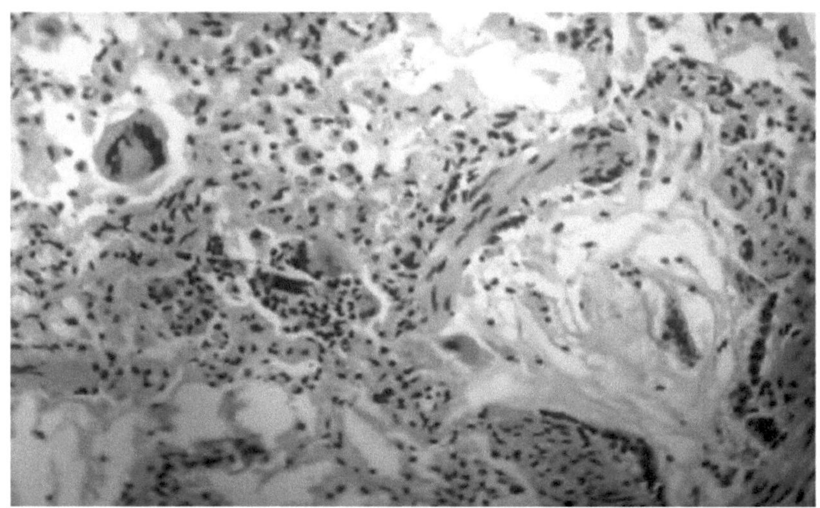

Figura 25: parasita associado a células inflamatórias no fígado. (Coloração H&E. 40X)

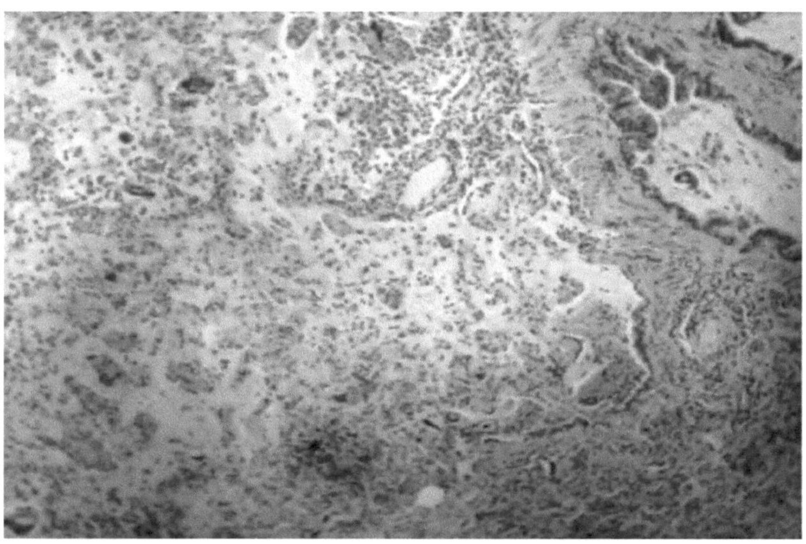

Figura 26: parasita encistado no epitélio subbrônquico associado a células inflamatórias (coloração H&E. 4X).

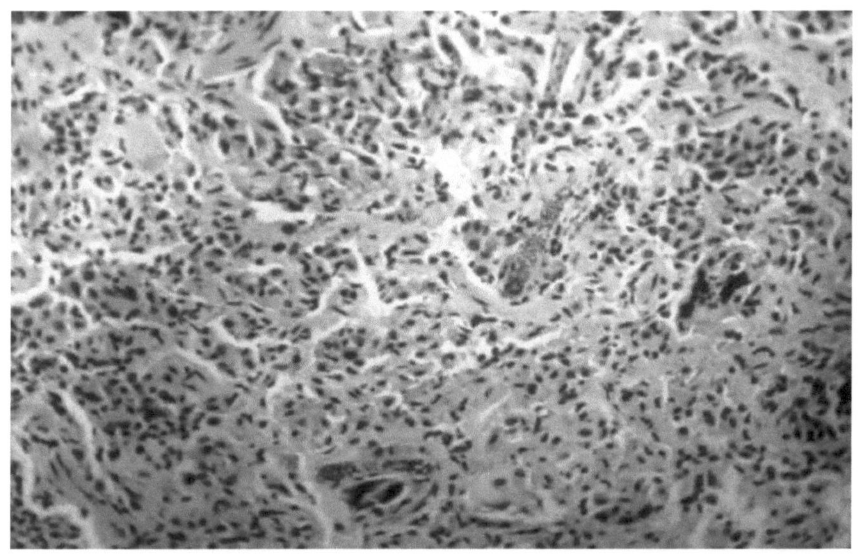

Figura 27: parasita hepático associado a células inflamatórias (coloração H&E. 10X)

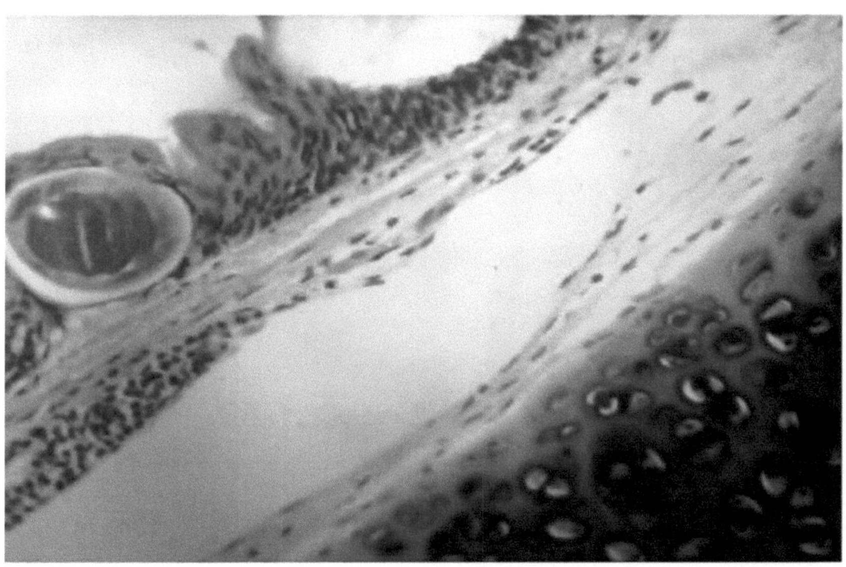

Figura 28: parasita encistado no epitélio subbrônquico (coloração H&E. 40X)

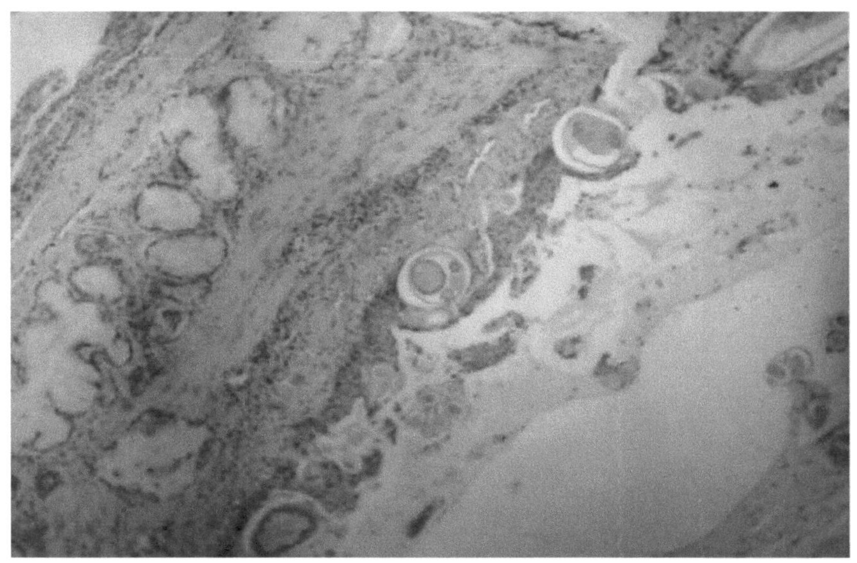

Figura 29: parasita encistado no epitélio subbrônquico (coloração H&E. 10X)

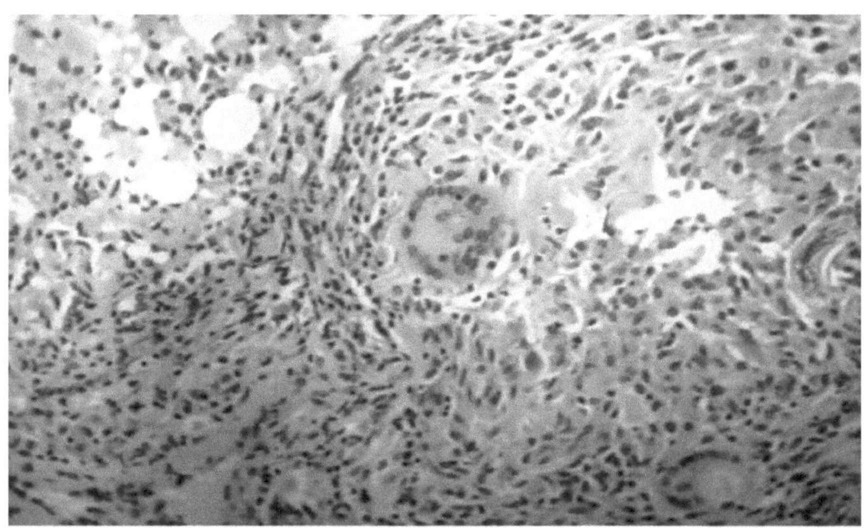

Figura 30: parasita hepático associado a células inflamatórias (coloração H&E. 10X)

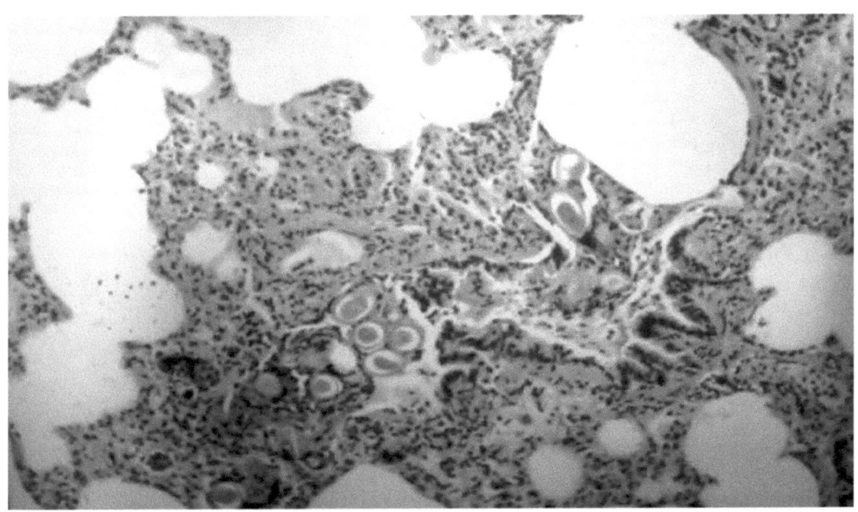

Figura 31: parasita no pulmão associado às células inflamatórias. (Coloração H&E. 10X)

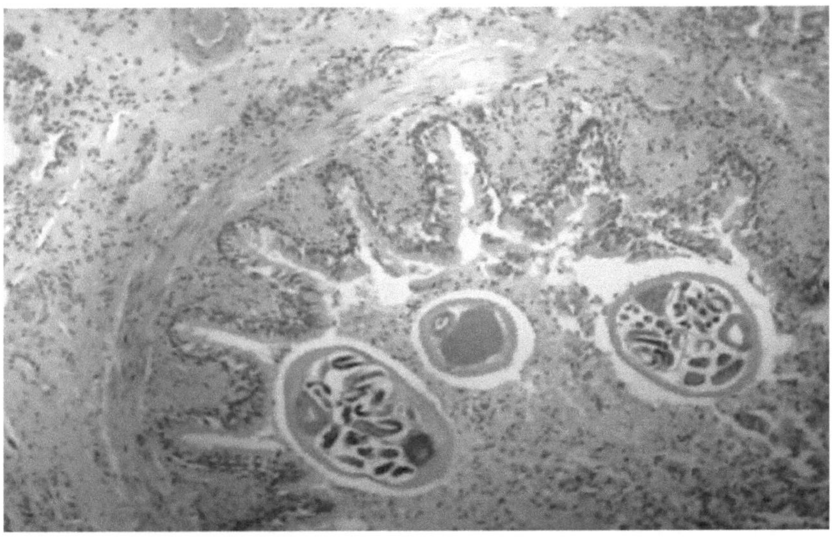

Figura 32: parasita no lúmen do brônquio associado a células inflamatórias no lúmen do brônquio (coloração H&E. 40X)

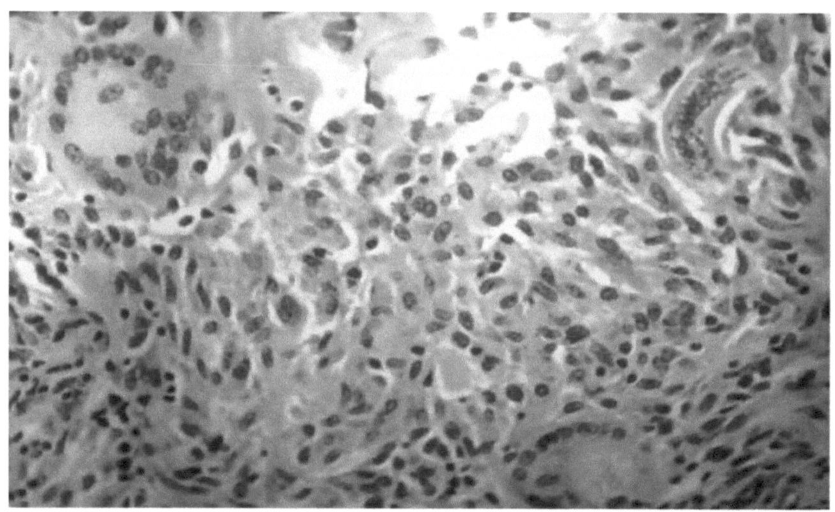

Figura 33: Larvas parasitárias associadas a células inflamatórias na fibrose (reação inflamatória crónica) (coloração H&E. 10X)

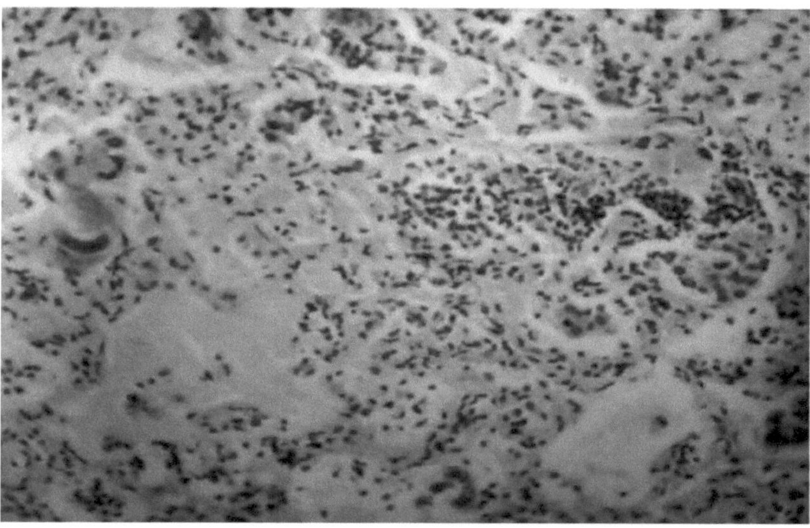

Figura 34: parasita associado a células inflamatórias no fígado (coloração H&E. 10X)

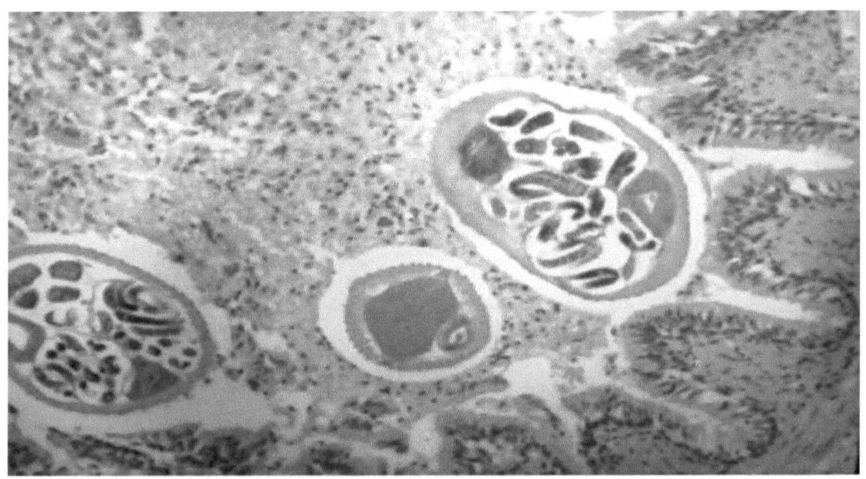

Figura 35: Nota brônquica pulmonar presente de secção transversal de parasita no lúmen associado a células inflamatórias (parasita adulto preenchido com larvas) (coloração H&E. 40X)

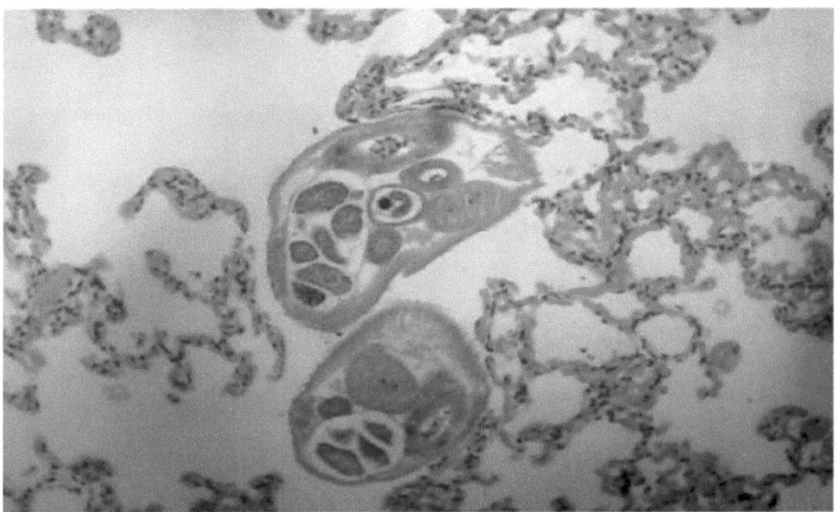

Figura 36: Pulmão com secção transversal de parasita (parasita adulto cheio de larvas) nas vilosidades. (Coloração H&E. 40X)

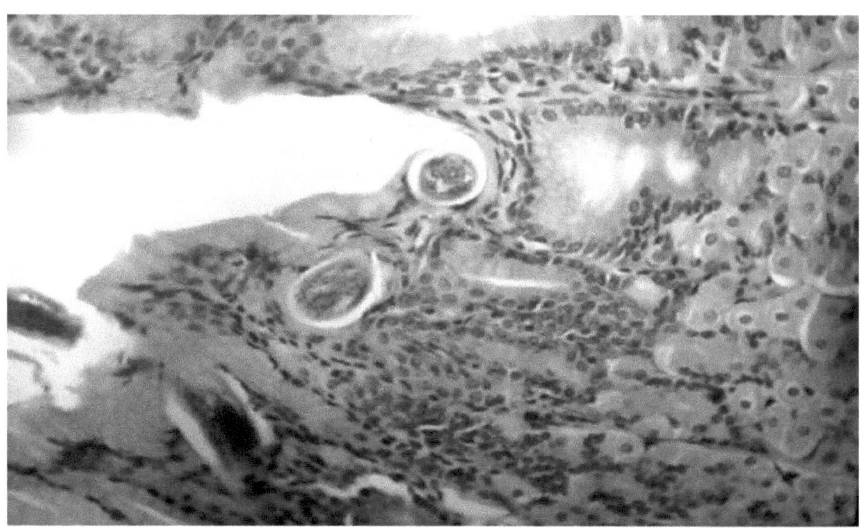

Figura 37: Parasita encistado no epitélio subbrônquico. (Coloração H&E. 10X)

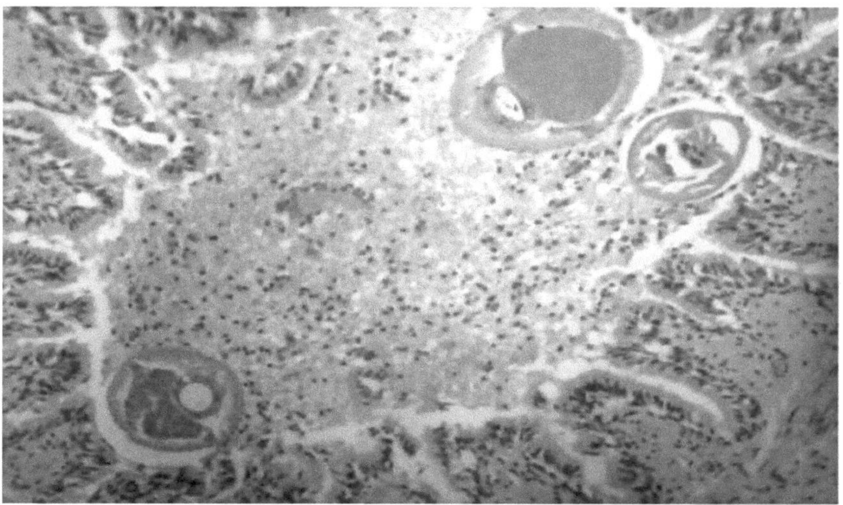

Figura 38: lúmen da nota brônquica cheio de células inflamatórias, secção transversal do parasita. (Coloração H&E. 40X)

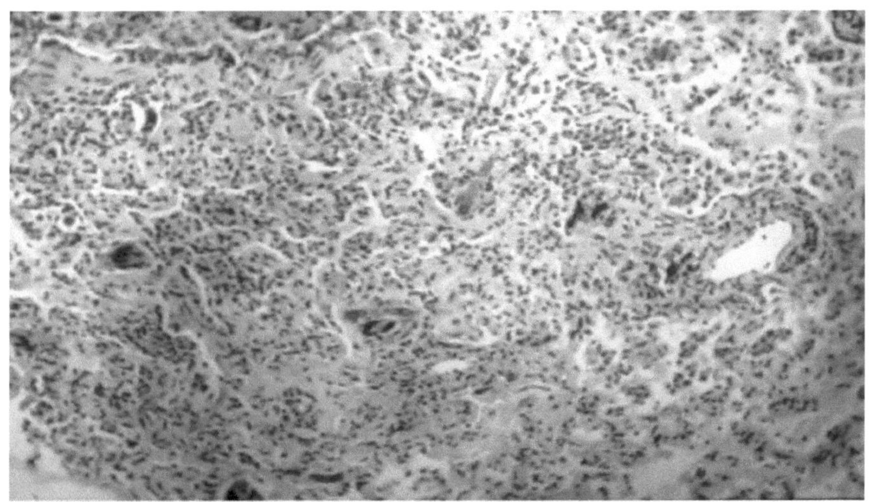

Figura 39: Inflamação granulomatosa parasitária. (Coloração H&E. 4X)

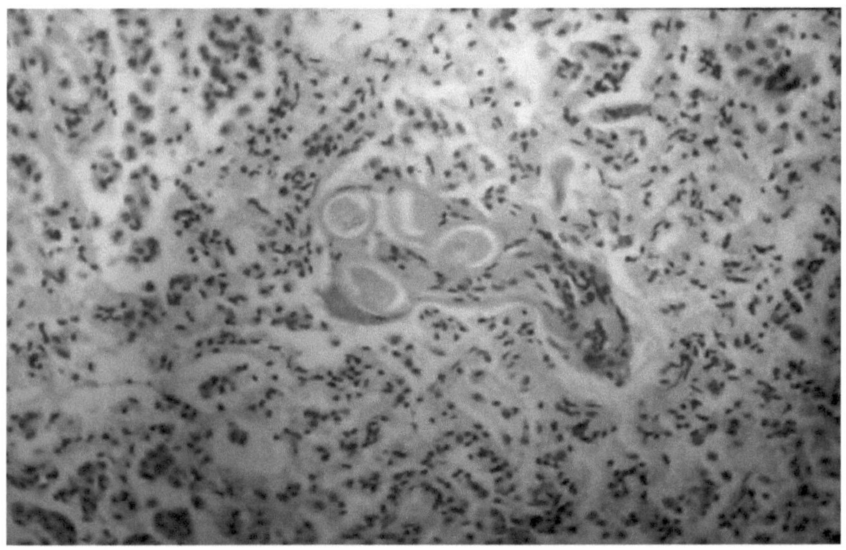

Figura 40: fígado com reação inflamatória granulomatosa associada a larvas de parasitas em secção. (Coloração H&E. 10X)

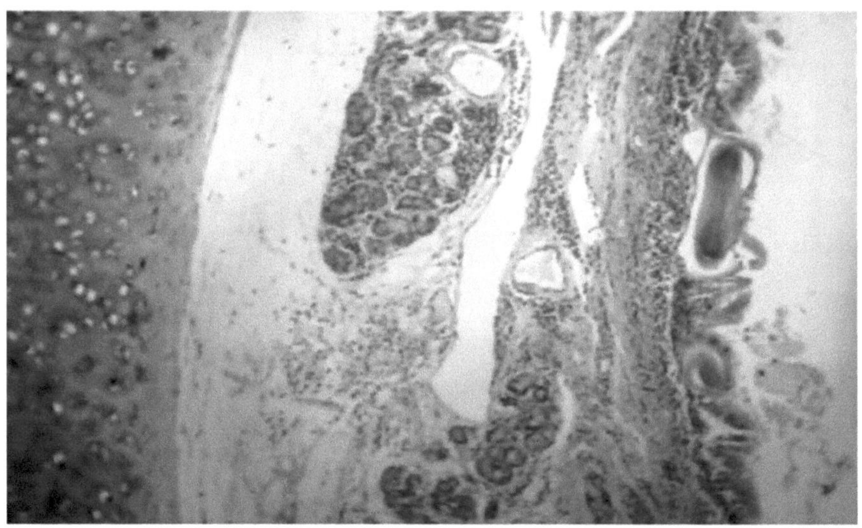

Figura 41: parasita encistado no epitélio subbrônquico, célula inflamatória em larvas parasitárias no lúmen (coloração H&E. 10X).

yes **I want** morebooks!

Buy your books fast and straightforward online - at one of world's fastest growing online book stores! Environmentally sound due to Print-on-Demand technologies.

Buy your books online at
www.morebooks.shop

Compre os seus livros mais rápido e diretamente na internet, em uma das livrarias on-line com o maior crescimento no mundo! Produção que protege o meio ambiente através das tecnologias de impressão sob demanda.

Compre os seus livros on-line em
www.morebooks.shop

Printed by Books on Demand GmbH, Norderstedt / Germany